Darlington Arnold Mangaba

Wpływ programu wsparcia dla rolników na dywersyfikację upraw

Darlington Arnold Mangaba

Wpływ programu wsparcia dla rolników na dywersyfikację upraw

wśród drobnych rolników w Zambii. Studium przypadku obozu rolniczego Nega-nega

Wydawnictwo Bezkresy Wiedzy

Cover image: www.ingimage.com

Publisher:
Wydawnictwo Bezkresy Wiedzy
is a trademark of
International Book Market Service Ltd., member of OmniScriptum Publishing Group
17 Meldrum Street, Beau Bassin 71504, Mauritius
Printed at: see last page
ISBN: 978-620-0-54823-8

WPŁYW PROGRAMU WSPARCIA ŚRODKÓW PRODUKCJI ROLNEJ NA DYWERSYFIKACJĘ UPRAW WŚRÓD DROBNYCH ROLNIKÓW W ZAMBII: STUDIUM PRZYPADKU OBOZU ROLNICZEGO NEGA-NEGA.

Dedykacja

Ta teza jest samotną dedykacją dla mojej żony, Sary Tembo Mangaby, za jej wyraźną wiarę, wsparcie, zachętę i poświęcenie, bez których ta praca nie byłaby sukcesem.

Podziękowanie

Projekt o takim charakterze i skali nie jest możliwy bez intelektualnej, redakcyjnej i praktycznej pomocy innych ludzi. W związku z tym chciałbym skorzystać z tej okazji, aby wyrazić uznanie dla wkładu następujących osób: Dr Muvwanga, M.C., promotor i wykładowca w Information and Communications University, dr William Phiri, doktor, wykładowca i koordynator w School of Education na Information and Communications University oraz Kalinda Chiputa, wykładowca w School of Education na Information and Communications University za ich nieocenione wskazówki i nadzór. Dalej dziękuję panu Mweembie Hibajene, dziekanowi Szkoły Edukacji na Uniwersytecie Rusangu za jego wkład intelektualny, pani Charity Monde za jej wsparcie techniczne i moralne oraz panu Urgent Cheelo, nauczycielowi języków i literatury w Szkole Średniej Kapululira, w okręgu Chirundu, za korektę mojej pracy.

Operacyjne definicje terminów

- Założenie - wiara lub opinia.
- Zainteresowane strony - osoby zaangażowane/organy współpracujące.
- Suplement -Dodatkowy lub dodatkowy.
- Niewystarczający -nie wystarczająco lub nie do standardów.
- Emanujący -Wychodząc lub wychodząc.
- Rośliny uprawne Dywersyfikacja-praktyka wytwarzania różnych odmian o wysokiej wyceniają zbiory.
- Degradacja - Utrata pierwotnego statusu.
- Postrzeganie-Rozumiem .
- Monokultura - uprawianie jednego rodzaju upraw w każdym sezonie.
- Niewielka skala-małe ilości lub niski poziom.
- Odporność-zdolność do odzyskania utraconego statusu.
- Respondenci-osoby udzielające odpowiedzi na pytania zapytany.

Akronimy lub skróty

- CAST -Centrum Zastosowanej Technologii Specjalnej.
- AEO -Biuro Rozszerzenia Rolnictwa.
- CSO -Główny Urząd Statystyczny.
- PKB -Gross Produkt Krajowy.
- FISP -Program wspomagający wprowadzanie danych osobowych.
- FRA -Agencja Rezerw Żywnościowych.
- FFSSA -Forum Bezpieczeństwa Żywnościowego w Afryce Południowej.
- FSRP -Projekt badań nad bezpieczeństwem żywności .
- STOA -Ocena opcji naukowych i technologicznych.
- ZARI -Zambiański Instytut Badań Rolniczych.

Streszczenie

Rolnictwo jest jedną z gospodarczych sił napędowych Zambii i stanowi podstawę utrzymania dużej części ludności kraju. Produkcja rolna jest uzależniona głównie od sezonowych upraw deszczowych, w których kukurydza jest główną podstawową rośliną spożywczą. Zambia stopniowo dąży do zróżnicowania swojego sektora upraw na korzyść upraw o wysokiej wartości. Jeżeli zastosuje się podejście techniczne, dywersyfikacja upraw może być wykorzystana jako narzędzie zwiększania dochodów gospodarstw rolnych, tworzenia miejsc pracy, łagodzenia ubóstwa i ochrony cennych zasobów gleby i wody. W Zambii zróżnicowanie modeli upraw jest zjawiskiem bardzo niedawnym. Zambia jest w zasadzie państwem produkującym kukurydzę i na przestrzeni lat osiągnęła bardzo wysoki poziom wydajności. Oczekuje się, że dywersyfikacja upraw przyczyni się do wyższego poziomu odżywiania, zmniejszenia ubóstwa, tworzenia miejsc pracy i zrównoważonego zarządzania zasobami naturalnymi. Niniejszy dokument ma na celu ukazanie wpływu niektórych polityk, takich jak wprowadzenie Programu Wsparcia Wkładu Rolników (FISP), na dywersyfikację upraw i wydajność rolnictwa. Aby sprostać wyzwaniom związanym z globalizującym się rynkiem rolnym oraz rosnącymi i zmieniającymi się potrzebami ludności, wiele krajów afrykańskich przyjęło dywersyfikację upraw w celu zwiększenia wydajności i prowadzenia upraw o wysokiej wartości z pozytywnym skutkiem. These countries are gradually diversifying their crop sector in favour of high value commodities, especially fruits and vegetables. Dywersyfikacja odbywa się albo poprzez powiększanie obszarów, albo poprzez zastępowanie upraw. W celu poprawy bezpieczeństwa żywnościowego i zminimalizowania ryzyka związanego z dużym uzależnieniem od kukurydzy, rząd Zambii promuje dywersyfikację upraw w późniejszym okresie.

Badanie miało na celu ustalenie przyczyn i rozwiązań problemu słabego udziału rolników prowadzących działalność na małą skalę w dywersyfikacji upraw. Główny nacisk położono na ocenę skutków braku zainicjowanego i wspieranego przez rząd rynku konsumenckiego i podaży czynników produkcji w odniesieniu do upraw roślin jadalnych niebędących roślinami staplowymi. Skoncentrowano się również na wpływie jakości świadczenia usług w zakresie upowszechniania wiedzy rolniczej na powodzenie dywersyfikacji upraw.

Wyniki badania wskazują na fakt, że drobni rolnicy nie otrzymują odpowiednich usług w zakresie upowszechniania wiedzy rolniczej. Stwierdzono również, że rząd zainicjował i wspierał zaopatrzenie rynku i czynników produkcji w uprawę roślin jadalnych innych niż szarańcza w systemie rolnym. Wszystkie te ustalenia okazały się mieć pewien negatywny wpływ na wskaźnik przyjęcia zróżnicowania upraw wśród drobnych producentów rolnych.

W oczekiwaniu na osiągnięcie większego stopnia dywersyfikacji upraw wśród drobnych producentów rolnych, rząd powinien rozważyć zainicjowanie i wspieranie zaopatrzenia rynku konsumenckiego i środków produkcji dla upraw roślin jadalnych innych niż roślinne. Wsparcie to wymaga istotnych mechanizmów wsparcia, takich jak zrestrukturyzowane i ulepszone świadczenie usług w zakresie upowszechniania wiedzy rolniczej oraz dostęp do subsydiowanych środków produkcji i rynku produktów dla upraw o wysokiej wartości.

Spis treści

ROZDZIAŁ 1

1.0 WSTĘP

1.1 Tło

Rolnictwo jest podstawą utrzymania dużej części ludności Zambii. W literaturze istnieje związek, że potencjał Zambii w rolnictwie nie został jeszcze w pełni wykorzystany. Przy dobrym zarządzaniu sektor ten mógłby przyczynić się do znacznej poprawy produktu krajowego brutto (PKB), zatrudnienia i dochodów podatkowych (FAO, 2005). To właśnie w tym zakresie rząd Zambii stara się pozycjonować sektor rolniczy jako jeden z czynników stymulujących wzrost gospodarczy i ograniczanie ubóstwa w kraju. Sektor rolny jest jednym z sektorów, które w znaczący sposób przyczyniają się do wzrostu gospodarczego Zambii. Udział tego sektora w produkcie krajowym brutto (PKB) wynosi obecnie około 18% do 23% (GUS, 2015). Rząd uznał ten sektor za sektor, który ma potencjał do stymulowania rozwoju gospodarczego kraju. Działalność rolnicza w Zambii charakteryzuje się produkcją roślin spożywczych, które obejmują kukurydzę, sorgo, maniok, proso i orzechy ziemne (Grupa IDL, 2002). Mimo że kukurydza jest najbardziej uprawianą rośliną w Zambii, podejmowane są wysiłki na rzecz dywersyfikacji w kierunku upraw o wysokiej wartości (Hazra, 2000). Sama kukurydza stanowiła około 76% całkowitej wartości produkcji upraw małoobszarowych w sezonie uprawowym 1990/91 i w kolejnych sezonach, podczas gdy maniok wyniósł około 10%, a wszystkie inne uprawy kształtowały się poniżej 3% (Jayne et' al., 2007).

W celu zabezpieczenia krajowych rezerw żywności rząd Zambii utworzył w 1996 r. Agencję Rezerw Żywności, której zadaniem był zakup produktów żywnościowych pochodzenia rolniczego. Agencja Rezerw Żywnościowych stała się niezawodnym rynkiem, na którym drobni producenci rolni będą odkładać swoje produkty żywnościowe. Agencja ta jednak kupowała i składowała tylko kukurydzę, podstawową żywność w kraju. W wyniku zwiększenia wielkości krajowych rezerw żywności, w odpowiedzi na rosnącą liczbę ludności, społeczność rolnicza kraju, czyli drobni producenci rolni, nie była w stanie wyprodukować wystarczająco dużo, aby spełnić wymogi rozszerzonych rezerw żywności. Reagując na to wyzwanie, rząd Zambii stworzył w 2002 r. Program Wsparcia Wkładu Rolniczego (FISP). Program Wspierania Środków Rolniczych został upoważniony do dostarczania dotowanych nasion i nawozów w celu ułatwienia wzrostu wydajności rolnictwa, co w konsekwencji zwiększyłoby dostawy produktów żywnościowych do Agencji Rezerw Żywnościowych, a tym samym pozwoliłoby na utrzymanie krajowych rezerw żywności. Niestety obie agencje zwróciły uwagę wyłącznie na podstawowe uprawy żywności, czyli kukurydzę. Program wsparcia dla rolników został zwiększony w 2005 roku o 12%, a w 2010 roku o 66%.

Skuteczne i rentowne uczestnictwo w sektorze rolnym, a w szczególności w dywersyfikacji upraw, zawsze było utrudnione przez liczne ograniczenia, z którymi borykają się drobni producenci rolni. Niektóre z tych ograniczeń obejmują wysokie koszty nakładów, ograniczony dostęp do kredytów, słabe lub niewystarczające zaplecze rynkowe, słabe rozpowszechnianie informacji, słabą infrastrukturę i wiele innych. Dopóki ograniczenia te są obecne, drobni producenci rolni nie mogą znacząco poprawić swojej bazy dochodów poprzez rolnictwo.

Od wielu lat kukurydza jest najbardziej rozpowszechnioną rośliną uprawną produkowaną przez prawie wszystkich drobnych rolników w Zambii. Kukurydza była pierwszą rośliną produkowaną na dużą skalę w Nega-nedze, a jako podstawowa roślina spożywcza w kraju, większość rolników woli uprawiać kukurydzę niż jakiekolwiek inne rośliny. Nadmierne uzależnienie od uprawy kukurydzy przez zambijską społeczność rolniczą skompromitowało przewidywany wzrost sektora ze względu na rosnące koszty produkcji kukurydzy (Matandiko, 2010). Niedostateczna dywersyfikacja upraw wśród drobnych producentów rolnych oraz nieustanna monokultura kukurydzy doprowadziły do pojawienia się kilku nieprzewidzianych wyzwań dla bezpieczeństwa żywnościowego i rozwoju gospodarczego. Niektóre z problemów, które pojawiły się w związku z nieodpowiednią dywersyfikacją upraw, to między innymi: degradacja gruntów z powodu tych samych systemów uprawy, którym ten sam rodzaj upraw jest preferowany w każdym sezonie. Gleba straciła swoją żyzność z powodu ciągłego narażenia na taką samą siłę przyswajania składników odżywczych w związku z produkcją tego samego rodzaju upraw w kolejnych sezonach. Zauważono, że zwiększyło się również występowanie szkodników, ponieważ zwiększyła się stała podaż "pożywienia

dla szkodników", ponieważ w każdym sezonie na tym samym obszarze uprawia się te same rośliny. W przypadku suszy lub całkowitego wystąpienia ataków szkodników zagwarantowane jest całkowite zniszczenie upraw, ponieważ jedyna uprawa może zostać usunięta. Dodatkową zaletą zwiększonej liczby upraw jest to, że zwiększona bioróżnorodność może ograniczyć występowanie problematycznych owadów i chorób, a także stworzyć nowe możliwości innowacyjnego zarządzania chwastami poprzez rozszerzony płodozmian (Blade & Slinkard, 2002). Rolnikom brakuje rynku lub jest on ograniczony ze względu na podaż tego samego towaru przez kilku producentów, co w rezultacie prowadzi do przewagi na rynku po niskich cenach. Wzrost kosztów środków produkcji rolnej został ułatwiony przez oczywisty wysoki popyt na ten sam rodzaj środków produkcji kilku rolników w każdym sezonie gospodarczym.
Rolnicy są również narażeni na ryzyko związane ze złą pogodą i wahaniami cen. Dywersyfikacja upraw jest zatem logiczną odpowiedzią na oba te zagrożenia. Zróżnicowany portfel produktów powinien zapewnić, że rolnicy nie poniosą całkowitej ruiny w przypadku złej pogody. Podobnie, dywersyfikacja upraw może zarządzać ryzykiem cenowym przy założeniu, że nie wszystkie produkty ucierpią w tym samym czasie z powodu niskich cen (Hazra, 2002). Hazra, 2002, dalej odnosi się do faktu, że polityka wewnętrzna wpływa na przyjęcie dywersyfikacji upraw. Produkcja rolna jest czasami podejmowana jako konsekwencja dotacji rządowych, a nie dlatego, że jest z natury opłacalna. Zmniejszenie lub zniesienie tych subsydiów, bezpośrednio lub pośrednio, może

mieć duży wpływ na rolników i stanowić znaczącą zachętę do dywersyfikacji lub, w niektórych przypadkach, do powrotu do produkcji roślin uprawianych przed wprowadzeniem subsydiów.

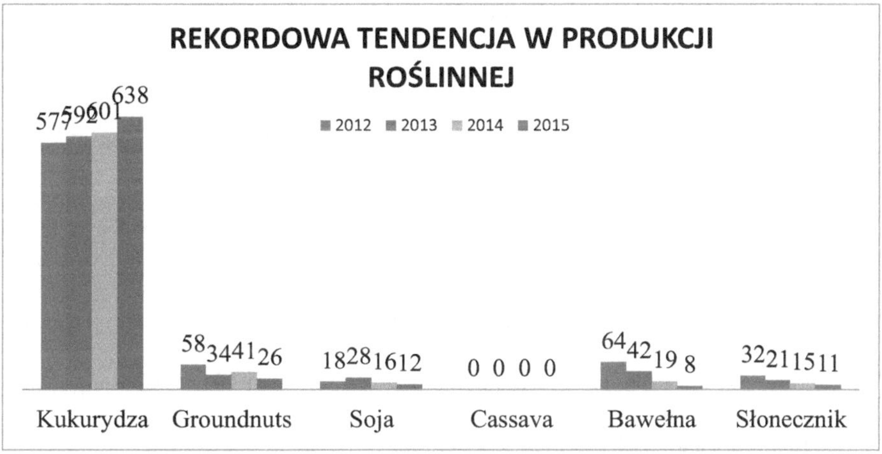

Źródło: AEO, 2016.

Ogólny przegląd stanu zróżnicowania upraw w Obozie Rolniczym Nega-nega przedstawiony jest na powyższym wykresie. Wykres przedstawia schemat produkcji roślinnej w obozie w okresie czterech lat, od 2012 do 2015 r. w sezonach rolniczych. Powyższy wykres przedstawia całkowitą liczbę rolników, którzy wyprodukowali daną uprawę w wymienionych latach. Pokazuje on, że w każdym roku wszyscy zarejestrowani rolnicy w obozie produkowali kukurydzę, ale tylko nieliczni z nich produkowali niektóre uprawy nieszpułkowe. Ogólnie rzecz biorąc, liczba rolników, którzy produkowali uprawy na cele inne niż spożywcze, z roku na rok zmniejszała się, co wskazuje na spadek dywersyfikacji upraw wśród rolników. W 2012 r. w obozie zarejestrowanych było w sumie 577 rolników. Wszyscy ci rolnicy produkowali kukurydzę, 58 produkowało orzechy ziemne, 18 produkowało soję, 64 produkowało bawełnę, 32 produkowało słonecznik. Kolejne lata ukazywały podobną tendencję, w których wszyscy rolnicy produkowali kukurydzę, podczas gdy tylko nieliczni produkowali inne uprawy, które stanowią wszystkie rośliny spożywcze. W ciągu czterech lat nie odnotowano, aby jeden rolnik produkował maniok. Nie odnotowano również produkcji jakichkolwiek upraw, które byłyby wyłącznie uprawami pieniężnymi.

Rolnictwo powinno być traktowane jako przedsięwzięcie wykraczające poza produkcję produktów rolnych. Rolnictwo powinno być traktowane jako działalność rolnicza lub zatrudnienie dla społeczności wiejskich, ponieważ jest to ich źródło dochodu i utrzymania. Jako przedsiębiorstwo, rolnictwo powinno generować dochody w celu nabycia innych zasobów. Tej prawdziwej koncepcji brakuje zarówno u drobnych rolników, jak i w rządzie.

1.2 Stwierdzenie problemu

Problemem, który został zidentyfikowany, jest niewystarczający udział drobnych rolników w dywersyfikacji upraw, co pogłębia brak bezpieczeństwa żywnościowego. Wskaźnik udziału rolników prowadzących działalność na małą skalę w dywersyfikacji upraw w Zambii wynosi obecnie 0,01% (ZNFU, 2016). Dywersyfikacja upraw wśród rolników na małą skalę zmniejszyła się w ostatnich latach. Ponieważ istnieją korzyści związane z dywersyfikacją upraw, malejący poziom praktyk wśród rolników na małą skalę jest źródłem niepokoju wśród ekonomistów rolnictwa. Dzieje się tak dlatego, że drobni rolnicy, którzy nie dywersyfikują produkcji roślinnej, zdają się borykać z wieloma wyzwaniami, począwszy od zagrożenia brakiem bezpieczeństwa żywnościowego, a skończywszy na zagrożeniu wzrostu gospodarczego, stabilności i odporności. W związku z tym malejący poziom dywersyfikacji upraw wśród drobnych producentów rolnych stanowi istotny problem, którego przyczyny i rozwiązania warto zbadać w celu stworzenia mechanizmów łagodzących związane z nim skutki.

1.3 Cele

1.3.1 Cel ogólny:

Ogólnym celem tego badania była ocena wpływu Programu Wsparcia Wkładu Rolniczego na dywersyfikację upraw wśród drobnych rolników w Zambii.

1.3.2 Cele szczegółowe:

Szczegółowe cele badania były następujące:

1. Zbadanie wpływu niepewnego rynku upraw roślin jadalnych niestopniowych na zróżnicowanie upraw.
2. Ustalenie, czy subsydiowane przez rząd środki produkcji mają wpływ na dywersyfikację upraw.
3. Określenie wpływu świadczenia usług w zakresie upowszechniania wiedzy rolniczej na dywersyfikację upraw.

1.4 Hipotezy

H01: Nie ma żadnego znaczącego związku pomiędzy niepewnym rynkiem zbóż niestopowych a dywersyfikacją upraw.

H02: Nie ma żadnego znaczącego związku pomiędzy rządem dotowanym a subsydiowanym

wejścia i dywersyfikacja upraw .

H03: Nie ma istotnej korelacji pomiędzy świadczeniem usług rozszerzania sieci

i dywersyfikacji upraw.

1.5 Uzasadnienie badania

Badanie to było o tyle istotne, że jego wyniki mogą być pomocne w wysiłkach na rzecz kontroli postrzeganego problemu. Ustalony wpływ programu wsparcia czynników produkcji rolnej na udaną dywersyfikację upraw, jeżeli zostanie on udostępniony wszystkim zainteresowanym stronom w sektorze rolnym i decydentom politycznym, może zostać wykorzystany, wraz z już istniejącymi strategiami, w celu poprawy i wzmocnienia udanej i wydajnej praktyki dywersyfikacji upraw. Problemy wynikające z przedłużającej się monokultury, takie jak degradacja gruntów, utrata żyzności gleby, plaga szkodników, wysokie koszty produkcji i niskie zyski końcowe (dochody), mogą zostać rozwiązane poprzez przejście od uzależnienia od jedynej produkcji kukurydzy i kilku niewielkich upraw żywnościowych do pełnowymiarowego zróżnicowania upraw. Badanie to, jeśli zostanie udostępnione instytucjom rolnym, może służyć jako przewodnik i punkt odniesienia przy rozpowszechnianiu informacji na temat praktyk związanych z dywersyfikacją upraw, wydajności produkcji rolnej i postępu w przyszłych badaniach. Zidentyfikowane skutki i możliwe środki naprawcze mogą stanowić rozwiązanie dla poprawy podstawy dochodów rolników prowadzących działalność na małą skalę, a tym samym zapewnić bezpieczeństwo żywnościowe oraz wzrost gospodarczy, stabilność i odporność poprzez poszerzenie źródeł dochodów wśród rolników prowadzących działalność na małą skalę.

1.6 Założenia badania

Badanie to zostało przeprowadzone przy założeniu, że;

1. Wszyscy respondenci współpracowaliby ze sobą i udzielaliby dokładnych informacji, tak jak to było w ich odczuciu.
2. Wyniki tego badania miałyby znaczenie i zostałyby udostępnione odpowiednim zainteresowanym stronom w dziedzinie rolnictwa, aby przyspieszyć wdrożenie i poprawę zróżnicowania upraw jako filaru zrównoważonego rolnictwa i bezpieczeństwa żywnościowego.
3. Wyniki uzyskane w tym badaniu byłyby dobrym uzupełnieniem istniejących już informacji dotyczących ograniczeń i rozwiązań w zakresie koncepcyjnego i praktycznego stosowania zróżnicowania upraw, co ułatwiłoby podejmowanie świadomych decyzji.

ROZDZIAŁ II

2.0 PRZEGLĄD LITERATURY

2.1 Wprowadzenie

Dokładniej mówiąc, w niniejszym opracowaniu dokonano przeglądu istniejącej literatury, związanej z problemem badawczym. Problemem zidentyfikowanym w badaniach był rosnący poziom braku bezpieczeństwa żywnościowego połączony ze zmniejszaniem się plonów z powodu niedostatecznego wykorzystania zróżnicowania upraw. Za nadrzędne uznano zbadanie roli dywersyfikacji upraw w zwiększaniu i stabilizowaniu wydajności produkcji rolnej i bezpieczeństwa żywnościowego przez fakt, że każdy rolnik, duży, średni lub mały, polega na sprzedaży produktów rolnych w celu uzyskania dochodów z tytułu zakupu środków produkcji w następnym sezonie. W tym celu każdy rolnik produkujący rośliny uprawne musi zdywersyfikować produkcję roślinną, ponieważ skupia się nie tylko na konsumpcji w domu, ale także na generowaniu dochodów. Dlatego ważne było zbadanie tej kwestii, ponieważ istnieje potrzeba zwiększenia zrównoważonej wydajności rolnictwa poprzez dywersyfikację upraw.

2.2 Definicja i zakres dywersyfikacji upraw

Dywersyfikacja może być zdefiniowana jako "produkcja różnych artykułów, usług itp. , często jako zabezpieczenie przed skutkami spadku popytu na dany produkt" (Oxford English Dictionary, 1972). Dywersyfikacja upraw odnosi się do przejścia od regionalnej dominacji jednej uprawy do regionalnej produktywności szeregu upraw, która uwzględnia zyski ekonomiczne z różnych upraw o wartości dodanej z dodatkowymi możliwościami zbytu (Hazra, 2002). Według Fletchera (2002) dywersyfikacja upraw oznacza przyjęcie nowej rośliny w danym regionie geograficznym w celu produkcji, tak aby można było nią manipulować jako rośliną do wytwarzania jakiegoś produktu handlowego (dla zadowolenia konsumentów), który wcześniej nie był z powodzeniem produkowany z tej rośliny w tym regionie. Dywersyfikacja upraw to zbiór wszystkich programów zwiększania liczby upraw w danym regionie w nadziei na zwiększenie ogólnej wydajności i zbywalności (Mała, 1995). Zróżnicowane rolnictwo to praktyka polegająca na uprawianiu więcej niż jednej rośliny (lub przedsiębiorstwa) w ciągu roku w celu zwiększenia finansowej i biologicznej stabilności gospodarstwa (Johnston et' al 1995).

2.3 Globalna perspektywa dywersyfikacji upraw

Dywersyfikacja upraw jest postrzegana jako praktyka, która ma ogromny potencjał w zakresie wspierania wydajności rolnictwa, bezpieczeństwa żywnościowego, ekologicznej różnorodności biologicznej, utrzymania żyzności ziemi i gleby oraz wzrostu gospodarczego, stabilności i odporności na zagrożenia na całym świecie. Szkoda, że pomimo ogromnych inwestycji w badania naukowe, dywersyfikacja upraw jest na ogół zaniedbywana na całym świecie. Kilka krajów, które podjęły wyzwanie, aby spróbować zdywersyfikować uprawy, odniosło ogromne korzyści gospodarcze z tej praktyki. Wyzwanie związane ze zrównoważonym rozwojem rolnictwa stało się w ostatnich latach bardziej intensywne w związku z gwałtownym wzrostem kosztów żywności, energii i nakładów produkcyjnych, zmianą klimatu, niedoborem wody, degradacją usług ekosystemowych i różnorodności biologicznej oraz kryzysem finansowym. Spodziewany wzrost liczby ludności i związane z nim zapotrzebowanie na żywność, wodę i inne produkty rolne wywołają dodatkową presję. W związku z tym społeczność rozwojowa, w której skład wchodzą politycy, decydenci, administratorzy publiczni, liderzy instytucjonalni, a także pracownicy naukowi, naukowcy i osoby zajmujące się upowszechnianiem wiedzy rolniczej, podkreśla potrzebę rozwoju zrównoważonych systemów produkcji rolnej, które są kompatybilne z zarządzaniem wszystkimi usługami ekosystemów, a także umożliwiają rekultywację zdegradowanych gruntów rolnych. W odpowiedzi na to na arenie międzynarodowej promowano działania na wszystkich szczeblach, a mimo to, jak wynika z Milenijnej Oceny Ekosystemów (MEA, 2005), Światowego Raportu Rozwoju 2008 (WDR, 2008) i sprawozdań IAASTD (McIntyre i in., 2008), niektóre systemy rolne są nadal promowane z niedopuszczalnie wysokimi skutkami środowiskowymi, gospodarczymi i społecznymi, aczkolwiek przy obietnicy zwiększenia wydajności produkcji. W związku z tym prowadzenie dotychczasowej działalności w zakresie rozwoju rolnictwa jest coraz częściej uznawane za niewystarczające do zapewnienia zrównoważonej intensyfikacji produkcji w celu zaspokojenia przyszłych potrzeb w zakresie bezpieczeństwa żywnościowego, ograniczania ubóstwa oraz wzrostu gospodarczego i usług ekosystemowych (Friedrich i in. , 2009; Kassam i in. , 2009).

Degradacja gleb rolniczych na świecie i wynikająca z niej utrata zdrowia gleb i ich zdolności produkcyjnych są wynikiem intensywnych praktyk rolniczych opartych na uprawie roli, które nie zwracają wystarczającej uwagi na zarządzanie glebami i krajobrazami jako częścią biologicznej i ekosystemowej bazy zasobów (Montgomery, 2007; Huggins i Reganold, 2008). Tak więc większość gleb rolniczych ma niską zawartość materii organicznej o słabej strukturze agregatów glebowych, a rolnicy podejmują niewielkie wysiłki w celu rozwoju organicznej pokrywy glebowej lub ściółki z resztek pożniwnych, ściernisk i roślin okrywających glebę zielenią, aby nakarmić mikroorganizmy glebowe lub zmaksymalizować infiltrację opadów, czy też chronić glebę przed erozją wodną i wiatrową. Nie ma wątpliwości, że możliwe było wyżywienie rosnącej światowej populacji i poprawa stanu odżywienia znacznej większości z nich dzięki nowoczesnym praktykom intensywnej uprawy roli, nowoczesnym odmianom ulepszonym genetycznie i zwiększonym nakładom środków agrochemicznych. Jednakże ekologiczne, ekonomiczne i społeczne podstawy takich powszechnych praktyk oraz różne filozofie i działania organizacji sektora publicznego i prywatnego, które wspierają i promują takie praktyki, są obecnie przedmiotem poważnej kontroli we wszystkich regionach, ponieważ wymaga się i poszukuje nowych, bardziej zrównoważonych pod względem środowiskowym i mniej kosztownych rozwiązań w celu zaspokojenia przyszłych potrzeb społecznych.

We wszystkich częściach świata ma miejsce poważna degradacja bazy zasobów i środowiska oraz inne negatywne skutki zewnętrzne związane z monokulturą i powszechnymi praktykami rolniczymi opartymi na uprawie roli. W krajach uprzemysłowionych takie praktyki w coraz większym stopniu opierają się na wyspecjalizowanych i mniej zróżnicowanych systemach upraw, wspieranych przez genetycznie zmodyfikowane odmiany i wysoki poziom środków agrochemicznych oraz ciężkie maszyny do produkcji o wysokiej wydajności. W krajach rozwijających się, rozwój rolnictwa oraz usługi w zakresie badań, rozwoju i edukacji zostały przeforsowane przez większość krajowych instytucji, organizacji międzynarodowych i agencji-darczyńców w kierunku przyjęcia i rozpowszechnienia podobnych szkodliwych praktyk, których długoterminowy zrównoważony rozwój gospodarczy i środowiskowy jest wątpliwy, jak również ich zdolność do przystosowania się do zmian klimatycznych i łagodzenia ich skutków oraz do świadczenia wszystkich wymaganych usług środowiskowych. Ponadto degradacyjne skutki tego rodzaju rolnictwa w krajach rozwijających się, położonych głównie w tropikalnych i subtropikalnych strefach klimatycznych, są przyspieszone w porównaniu z regionami o klimacie umiarkowanym.

2.4 Zambijska perspektywa dywersyfikacji upraw

Dywersyfikacja upraw w Zambii nie została jeszcze w pełni zaakceptowana przez większość drobnych rolników. Istnieje kilka postrzeganych czynników, które można przypisać temu scenariuszowi.

Matandiko, (2010), zauważył, że sektor rolny w Zambii w ostatnich latach nadal odnotowywał znaczny wzrost, o czym świadczą kolejne zbiory zderzakowe. Wzrost ten wynika w dużej mierze z różnych polityk rządowych, takich jak Program Wsparcia Wkładu Rolniczego (FISP), który zapewnia drobnym rolnikom w całym kraju dostęp do nawozów i nasion dla ich działalności rolniczej. Uznaje on również fakt, że wzrost sektora jest powiązany z uprawą kukurydzy, co powinno budzić niepokój, ponieważ istnieją inne uprawy gotówkowe, takie jak maniok, sorgo i proso, które należy promować w celu zapewnienia zrównoważonego bezpieczeństwa żywnościowego kraju. Matandiko podkreśla, że rolnictwo stało się źródłem dochodów, stąd potrzeba dywersyfikacji w celu zapewnienia łatwego dostępu do upraw, które są niezbędne zarówno na rynku lokalnym, jak i międzynarodowym.

Niedobory żywności w Zambii wynikają z dużego uzależnienia od upraw zasilanych deszczem, gdzie susza zazwyczaj pociąga za sobą kryzys żywnościowy. Jest to szczególnie częste wśród drobnych rolników. Przewaga monokulturowej produkcji kukurydzy kosztem upraw odpornych na suszę, które zaostrzają wpływ suszy na sytuację żywnościową, jest równie istotna. Już od czasów niepodległości, czyli od lat 60. ubiegłego wieku, w całym kraju promowano uprawę kukurydzy bez należytego uwzględnienia jej przydatności agronomicznej. Ponieważ kukurydza jest podatna na suszę, produkcja rolna może być drastycznie niska w przypadku niekorzystnych warunków pogodowych. W związku z tą sytuacją rząd sformułował za pośrednictwem Instytutu Badań nad Rolnictwem w Zambii (ZARI) projekt wsparcia dywersyfikacji upraw żywnościowych (Food-Crop Diversification Support Project - FCDSP), którego celem jest zwiększenie bezpieczeństwa żywnościowego poprzez promowanie upraw żywności odpornych na suszę (Ngosa, 2009).

(Chikwanda, 2011), w sektorze rolniczym rozszerzymy wsparcie dla upraw poza kukurydzą, wzmocnimy badania i usługi w zakresie upowszechniania wiedzy, zainwestujemy w nawadnianie, rozwój i rehabilitację infrastruktury hodowlanej. Rząd zreformuje system wprowadzania do obrotu produktów rolnych; będzie promował przetwórstwo rolne i powiązania w przyszłości. Co więcej, godne ubolewania jest to, że polityka rządu zachęca do uprawy kukurydzy ze szkodą dla innych upraw. Ograniczenia te oznaczają, że korzyści płynące z poprawy produkcji rolnej często nie docierają do najbiedniejszych wiejskich gospodarstw domowych. W związku z tym nie wykorzystano jeszcze potencjału tego sektora w zakresie znacznego ograniczenia ubóstwa. Aby zaradzić tym ograniczeniom, rząd ponownie opracuje program wsparcia czynników produkcji rolnej, zmieni ukierunkowanie gwarancji rynkowych i zróżnicuje świadczenie usług w zakresie upowszechniania wiedzy rolniczej w celu wsparcia produkcji roślin uprawnych odpowiednich dla każdej strefy agroekologicznej. Istnieje kilka polityk i działań rządu mających na celu zapewnienie trwałego bezpieczeństwa żywnościowego oraz znaczącego wzrostu gospodarczego i stabilności. Pomimo tych polityk i wysiłków, dywersyfikacja upraw nadal nie została w pełni wykorzystana. Ograniczenia w pełnym wykorzystaniu dywersyfikacji upraw w Zambii muszą zostać w niewielkim stopniu odkryte i skontrolowane w celu osiągnięcia "przełomu w rolnictwie na małą skalę" w zakresie stabilności gospodarczej.

2.5 Znaczenie dywersyfikacji upraw

Znaczenie zróżnicowania upraw można podzielić na trzy kategorie, a mianowicie znaczenie agronomiczne, ekonomiczne i społeczne.

2.5.1 Znaczenie agronomiczne

Znaczenie agronomiczne zróżnicowania upraw jest związane z poprawą jakości gleby (zmniejszenie erozji gleby, zwiększenie jej żyzności i zwiększenie plonów), zmniejszeniem presji chorób, chwastów i szkodników, a także zmniejszeniem zapotrzebowania na nawozy nieorganiczne i uzależnienia od nich.

Od wielu lat hodowcy roślin wykorzystują zróżnicowanie upraw w celu poprawy jakości gleby oraz zwiększenia wydajności i zysków. Strategie dywersyfikacji obejmują płodozmian z innymi uprawami, uprawy podwójne i międzyplonowe. Systemy dywersyfikacji upraw mają tendencję do większej stabilności agronomicznej i odporności. Niektóre ze wspólnych korzyści, jakie można znaleźć w najbardziej zróżnicowanych systemach, to zmniejszenie presji chorób, chwastów i owadów; zmniejszenie zapotrzebowania na nawozy azotowe; zmniejszenie erozji; zwiększenie żyzności gleby i zwiększenie plonów. Dywersyfikacja zapewnia również siedliska dla pożytecznych owadów i zmniejsza liczbę szkodników, sprawiając, że uprawy żywicieli są mniej widoczne dla kolonizacji przez szkodniki. Płodozmian, strategia dywersyfikacji upraw, jest praktyką polegającą na sadzeniu kolejnych upraw na tym samym polu. Praktyka ta jest stosowana w celu zwalczania chwastów i szkodników, odżywiania roślin, planowania upraw itp. Uprawiano zboże ozime, często nazywane płodozmianem, w celu poprawy właściwości gleby (Johnston et' al, 1995).

Dywersyfikacja upraw i płodozmian mają duże możliwości zwiększenia wydajności upraw. Większość drobnych rolników mogłaby wyjść z ubóstwa bez stosowania nowoczesnych technologii, takich jak ulepszone nasiona, nawozy i środki chemiczne ochrony roślin. Żyzność gleby można by zwiększyć dzięki nawozom organicznym, rolnikom hodowanym i utrzymywanym przez nich rodzimym odmianom, biologicznemu lub mechanicznemu zwalczaniu owadów, chorób i chwastów oraz ludzkiej mocy do prowadzenia działalności rolniczej. Zużycie materii organicznej było mniejsze w większości krajów, ale jej włączenie do systemów rolniczych sprawi, że gleba będzie żyzna i mniej podatna na degradację. Korzyści płynące z wykorzystania materii organicznej zostały przeoczone ze względu na zapotrzebowanie na duże ilości wymaganej ilości, czas i koszty pracy. Kolejną nowością jest rozwój płodozmianu, strategia na rzecz zróżnicowania systemów rolniczych w celu zwiększenia wydajności i plonów. Wiąże się to z włączeniem do systemów upraw zielonego obornika lub innych roślin strączkowych, co zaobserwowano w kilku krajach (Gunasena, 1999).

2.5.2 Znaczenie gospodarcze

Ekonomiczne znaczenie dywersyfikacji upraw jest uzasadnione rozszerzeniem bazy dochodowej i maksymalizacją zysku, które tworzą wzrost gospodarczy i stabilność.

Rola sektora rolnego w każdym kraju rozwijającym się koncentruje się na produkcji i bezpieczeństwie żywności, pracy zarobkowej, dochodach, akumulacji kapitału i zastępowaniu pracy. Istnieje kilka korzyści wynikających z dywersyfikacji upraw; porównywalnie wysoki zysk netto z upraw, wyższe zyski netto na jednostkę pracy, optymalizacja wykorzystania zasobów, wyższa efektywność wykorzystania gruntów i większe możliwości zatrudnienia. Aby osiągnąć powyższe korzyści, należy zmienić proces dywersyfikacji upraw z bardzo prostych form płodozmianu na systemy intensywne, takie jak uprawa sztafetowa i międzyplonowa lub specjalizacja poprzez dywersyfikację na różne uprawy, gdzie produkcja i przetwórstwo mogą być różne (Gunasena, 1999).

Johnston, et' al (1995) postrzegają dywersyfikację upraw jako ekonomiczny motor napędzający stabilność i odporność ekonomiczną poprzez zmniejszenie ryzyka finansowego, ustabilizowanie dochodów gospodarstw i zwiększenie wyboru praktyk rolniczych. Różnorodność praktyk rolniczych można osiągnąć poprzez prowadzenie działalności w zakresie przetwórstwa produktów rolnych, co poszerza "ścieżkę przychodów" i zwiększa możliwości stabilnego zatrudnienia. Dywersyfikacja upraw ma na celu zapewnienie szerszego wyboru w produkcji różnych roślin uprawnych na danym obszarze, tak aby rozszerzyć działalność związaną z produkcją na różne uprawy, a także zmniejszyć ryzyko (Hazra, 2002). W sprawozdaniu Forum Bezpieczeństwa Żywnościowego w Afryce Południowej (FFSSA, 2004), w którym zbadano zakres rozwoju gospodarczego regionu z różnych sektorów, stwierdzono, że drobni producenci rolni są odpowiednim czynnikiem wzrostu, mającym wpływ na wzrost gospodarczy sprzyjający ubogim, bezpieczeństwo żywnościowe i rozwój rynku. Rozszerzenie przez drobnych producentów rolnych gotówkowej produkcji roślinnej może przyczynić się zarówno do wzrostu obszarów wiejskich (poprzez konsumpcję, popyt na siłę roboczą itp.), jak i do bezpieczeństwa żywnościowego gospodarstw domowych (np. poprzez generowanie gotówki, za pomocą której można kupić żywność lub środki produkcji).

2.5.3 Znaczenie społeczne

Dywersyfikacja upraw stwarza bardziej stałe lub dłuższe możliwości zatrudnienia w sezonie. Ciągła działalność rolnicza ma moc zatrzymywania pracowników, co stabilizuje komfort społeczny pracowników rolnych.

Korzyści społeczne wynikające z dywersyfikacji wynikają z możliwości ustabilizowania zatrudnienia poprzez wydłużenie sezonu pracy w gospodarstwie rolnym. Rolnicy znaleźli wiele korzyści z całorocznego systemu przedłużonego zatrudnienia. Niektóre z nich to zwiększona dostępność pracowników, zwiększona wydajność i niezawodność, mniejsze zapotrzebowanie na szkolenie pracowników i większa satysfakcja osobista. Całoroczne zatrudnienie w gospodarstwie sprzyja zapewnieniu lepszego standardu życia pracownikom rolnym i ich rodzinom, możliwości utrzymania dzieci w tej samej szkole przez cały rok oraz możliwości osiedlenia się ich rodzin w społecznościach, w których pracują (Johnston, et' al 1995).

Maarten i Alarcon (1992), raport Kennedy'ego (1988), po stwierdzeniu, że potrzeba sezonowej migracji w celu znalezienia zatrudnienia poza gospodarstwem prawdopodobnie zmniejszy się, gdy do systemu rolnego zostaną wprowadzone uprawy gotówkowe, z pozytywnymi korzyściami wynikającymi z większej interakcji społecznej w gospodarstwie domowym i niższej zachorowalności.

Sezonowe zatrudnienie poza rolnictwem na obszarach przybrzeżnych, często obejmujące całą rodzinę, zapewnia dodatkowe dochody pieniężne drobnym producentom rolnym przy wysokich kosztach społecznych. Ogólnie rzecz biorąc, bezpieczeństwo żywnościowe, zdrowie i warunki odżywiania w tym obszarze nadal się pogarszają. W 1982 r. rząd Gwatemali zainicjował program dywersyfikacji upraw na tym obszarze dla drobnych producentów rolnych, głównie w oparciu o warzywa produkowane w niskich temperaturach. Program ten ma na celu poprawę sytuacji społeczno-gospodarczej rolników produkujących na własne potrzeby i ich gospodarstw domowych poprzez zwiększenie dochodów gospodarstw domowych i zatrudnienia w gospodarstwach rolnych (Maarten i Alarcon 1992).

2.6 Czynniki wpływające na powodzenie dywersyfikacji upraw

Wiele czynników, w tym polityka, może mieć wpływ na zróżnicowanie upraw, niektóre bezpośrednio, a inne pośrednio, poprzez tworzenie korzyści ubocznych. Mechanizmy wspierania cen towarów rolnych, które zmniejszają zmienność cen i zwiększają ryzyko dochodów, mają zazwyczaj pewien wpływ na dywersyfikację (Woldehanna *i in.*, 2000). Dotacje mające na celu zwiększenie dywersyfikacji i szkolenia zwiększają skłonność do dywersyfikacji. Badania i rozszerzenie, jeśli są ukierunkowane na dywersyfikację, pomogą osobom rozważającym rozpoczęcie działalności gospodarczej. W przypadku ukierunkowania na produkcję mogą one zmniejszyć ryzyko związane z produkcją, a tym samym zmniejszyć skłonność do dywersyfikacji. Jednak Huffman (1980) donosi o dość zaskakującym wyniku, jakim jest zwiększenie pracy rolników poza gospodarstwem. Może to być spowodowane zmniejszeniem zapotrzebowania na siłę roboczą w gospodarstwie, tak aby więcej siły roboczej można było przydzielić do pracy poza gospodarstwem. Prawa do ziemi muszą być zabezpieczone w przypadku inwestycji w pozarolnicze gospodarstwa rolne. Systemy kredytowe wpływają na dywersyfikację, ponieważ inwestycje są często potrzebne do tworzenia w gospodarstwach przedsiębiorstw pozarolniczych. Ważnym czynnikiem jest zatem dostęp do kredytów o przystępnym oprocentowaniu. Systemy ubezpieczeń upraw, które mogą być rządowe, zmniejszają ryzyko, a tym samym skłonność do dywersyfikacji. Brak rynków ubezpieczeniowych i rządowych systemów ubezpieczeniowych może sprzyjać dywersyfikacji jako strategii ukierunkowanej na ryzyko.

Literatura z zakresu ekonomiki przemysłu wskazuje, że przedsiębiorstwa zdywersyfikowane są najsilniejszymi graczami na rynku, szczególnie w przypadku tych przedsiębiorstw, dla których wybudowano nowe, dedykowane zakłady. Przedsiębiorstwa te rosły najszybciej po wejściu na rynek i miały największe wskaźniki przetrwania (Siegfried i Evans, 1994). Badanie wykazało, że konwencjonalne bariery wejścia na rynek nie utrudniają dywersyfikacji przedsiębiorstw (Siegfried i Evans, 1994). Przyczyna tego wydaje się nieznana, więc trudno jest ocenić możliwość zastosowania do dywersyfikacji rolnictwa. Jedną z przyczyn może być jednak zdolność do korzystania z wewnętrznych rynków kapitałowych, a także wpływ dywersyfikacji na ryzyko (Siegfried i Evans, 1994).

Maarten i Alarcon (1992) twierdzą, że powszechnie uważa się, iż dywersyfikacja upraw wśród drobnych producentów rolnych jest nie do pogodzenia z utrzymaniem lub poprawą bezpieczeństwa żywnościowego gospodarstw domowych, gdy do nowej mieszanki upraw włącza się uprawy kasowe [Lunven, 1982; Dewey, 1979; Hern'andez et' al, 1974]. Główną obawą jest to, że na dostępność żywności w gospodarstwach małorolnych będzie miało wpływ wypieranie upraw żywności przez uprawy kasowe. Postuluje się, że wrażliwość gospodarstw domowych na brak bezpieczeństwa żywnościowego i nieadekwatność diety może się zwiększyć, zwłaszcza gdy dostępność żywności w gospodarstwach domowych nie zmienia się zbytnio w odpowiedzi na wyższe dochody gospodarstw domowych z upraw gotówkowych [Popkin, 1980].

Pomimo wyższych zysków ekonomicznych z zasobów gospodarstw domowych (ziemia i siła robocza) z upraw gotówkowych w porównaniu z podstawowymi podstawowymi uprawami podstawowymi, szereg zagrożeń dla drobnych producentów rolnych wiąże się ze zwiększoną dywersyfikacją i komercjalizacją. Należą do nich: utrata dochodów z powodu nieurodzaju, zmienność cen rynkowych w czasie, słabe i nieefektywne instytucje marketingowe, większe zapotrzebowanie na środki produkcji, a tym samym większe zapotrzebowanie na usługi kredytowe i usługi w zakresie upowszechniania wiedzy, których zazwyczaj brakuje rolnikom posiadającym niewielkie grunty (Maarten i Alarcon, 1992).

Myers, (1999) podkreślił pewne ograniczenia dla udanej dywersyfikacji upraw. Thomas Jefferson Institute for Crop Diversification (Instytut Dywersyfikacji Upraw) został upoważniony w 1998 r. do zajmowania się możliwymi sposobami osiągnięcia udanej dywersyfikacji upraw i ogólnej produkcji upraw towarowych w Ameryce. Rolnikom trudno było produkować rośliny towarowe ze względu na niskie ceny rynkowe tych produktów i malejące płatności dla gospodarstw. Zidentyfikowanym rozwiązaniem było opracowanie opłacalnych upraw alternatywnych, takich jak rzepak, słonecznik i proso. Uprawy te musiały być prowadzone w systemie płodozmianowym, z tradycyjnymi uprawami, w celu rozwiązania kwestii ochrony gleby, dużej bazy dochodowej i bezpieczeństwa żywnościowego. Zapewnienie odpowiedniego finansowania regionalnym i krajowym ośrodkom koordynacji oraz dostępność konkurencyjnych dotacji sprzyjałoby rozwojowi dywersyfikacji upraw. Fakt, że do tej pory nie przeznaczono żadnych środków na inicjatywę Thomasa Jeffersona, oznacza, że strategia kompleksowego podejścia pozostaje niezrealizowana.

2.7 Sugerowane rozwiązania na rzecz skutecznej dywersyfikacji upraw

Rozwój infrastruktury rynkowej i niektóre inne rodzaje wsparcia związane z cenami również spowodowały tę zmianę (dywersyfikacja upraw). Często niskonakładowe, wysokozaworowe uprawy, takie jak przyprawy, również pomagają w dywersyfikacji upraw. Wyższa rentowność i odporność produkcji również skłaniają do przesunięcia upraw, na przykład trzcina cukrowa zastępuje ryż i pszenicę. Identyfikacja odpowiednich upraw na danym obszarze, na przykład uprawa ryżu na obszarach o wysokim zwierciadle wody, zastępująca nasiona oleiste, rośliny strączkowe i bawełnę, promowanie soi zamiast sorgo na czarnych glebach o średniej i głębokiej głębokości, wszystko to stanowi strategiczne środki promowania znaczącej dywersyfikacji upraw. Wyniki Indii w okresie po uzyskaniu niepodległości były powodem do dumy i satysfakcji. Sektor rolny pozostawił za sobą epokę niedoborów żywności i zależności od importu i znalazł się na etapie samowystarczalności i sporadycznych nadwyżek. Indie nie tylko stały się samowystarczalne w zakresie zboża żywnościowego, ale również uzyskały wystarczającą odporność na niekorzystne warunki. Osiągnięcia te są wynikiem pomyślnie wdrożonych ram politycznych dotyczących poprawy infrastruktury wiejskiej, w tym nawadniania, badań, rozbudowy, zapewnienia środków produkcji rolnej po rozsądnych cenach oraz wsparcia marketingowego poprzez mechanizm cen minimalnych (Hazra, 2002). Wspólnocie Europejskiej udało się znacząco zróżnicować uprawy dzięki odpowiednim inwestycjom w rozwój alternatywnych nasion oleistych. Według doniesień Wspólnota inwestuje 50 mln USD rocznie. Australia sfinansowała również Narodowy Program Nowych Upraw, który zapewnia rolnikom uprawiającym pszenicę kredyty i usługi w zakresie upowszechniania, aby z powodzeniem osiągnąć alternatywne rozwiązania w zakresie płodozmianu. Kanada cieszy się obecnie ogromnymi dochodami z eksportu Canoli do Stanów Zjednoczonych po dużych inwestycjach w te uprawy. Pewne jest zatem, że odpowiednie finansowanie ma zasadnicze znaczenie dla udanej dywersyfikacji upraw (Myers, 1999).

Betts, (1999), powiedział, że badania i eksperymenty są niezbędne dla powodzenia i rozwoju dywersyfikacji upraw. Jefferson (1808), w swoim liście do Lasteyrice, powiedział: "Wprowadzenie nowych kultur [upraw], a zwłaszcza obiektów [roślin] o wiodącym znaczeniu dla naszego komfortu, jest z pewnością warte uwagi każdego rządu, i nic oprócz rzeczywistego eksperymentu powinien zniechęcić eseju, którego nadzieja może być rozrywką". Innymi słowy, doradzał, aby każda nowa uprawa została przetestowana i wypróbowana przed założeniem, że nie ma nic do zaoferowania.

2.8 Krytyka osobista

Zrównoważone systemy rolne na małą skalę opierają się na dywersyfikacji upraw w celu zwiększenia bezpieczeństwa żywnościowego, ostrożnego użytkowania gruntów i postępu gospodarczego, które zapewniają niezawodny dostęp do środków finansowych na zakup środków produkcji rolnej. Rolą zdywersyfikowanego rolnictwa jest skupienie się na produkcji i bezpieczeństwie żywnościowym, dochodach z dochodów, akumulacji kapitału i zastępowaniu siły roboczej. Istnieje kilka zalet dywersyfikacji upraw; porównywalnie wysoki zysk netto z upraw, wyższe zyski netto na jednostkę pracy, optymalizacja wykorzystania zasobów, wyższa efektywność wykorzystania gruntów i zwiększona ochrona przed ryzykiem w przypadku niekorzystnych warunków pogodowych i innych zagrożeń upraw. Johnston, et' al (1995) postrzegają dywersyfikację upraw jako ekonomiczny motor wzrostu gospodarczego, stabilności i odporności poprzez redukcję ryzyka finansowego, stabilizację dochodów gospodarstwa i zwiększenie wyboru praktyk rolniczych. Wszelkie odstępstwa od prawidłowego przebiegu standardowych wymogów dotyczących dywersyfikacji upraw prowadzą do powstania wadliwego i nieskutecznego systemu rolnego, który ma niekończący się wpływ na bezpieczeństwo żywnościowe, wzrost gospodarczy, zrównoważony rozwój i odporność. Każda organizacja, która nie uwzględnia wytycznych i oczekiwań dotyczących zróżnicowanego podejścia do rolnictwa, procedur i związanych z nimi skutków społeczno-gospodarczych, ma bezpośredni wpływ na brak bezpieczeństwa żywnościowego i upadek gospodarczy. Zespół ds. zarządzania usługami rolniczymi, który został powołany do życia i działa bez uwzględnienia skutków zróżnicowanych upraw, z pewnością będzie działał bez zaufania i biegłości w świadczeniu usług w zakresie upowszechniania wiedzy rolniczej, co doprowadzi do nasilenia monokultury kukurydzy, degradacji gruntów i spadku wydajności w sektorze rolnym. Jest to obecnie powszechne zjawisko w zambijskim sektorze rolnym.

2.9 Tworzenie luki

Wydaje się, że istnieje coraz większa przepaść między liczbą różnicujących się drobnych rolników a tymi, którzy uprawiają monokulturę. Nie ma wątpliwości, że gospodarcze znaczenie dywersyfikacji upraw i rolnictwa jako całości zostało w pełni zrozumiane na całym świecie. Mimo że jest ono powszechne, wydaje się, że potrzeba zrównoważonej dywersyfikacji upraw nie otrzymuje takiej uwagi, na jaką zasługuje. W ostatnich latach sektor rolny w Zambii nadal odnotowywał znaczny wzrost, o czym świadczą kolejne zderzeniowe zbiory. Wzrost ten jest w dużej mierze przypisywany różnym politykom rządowym, takim jak program wspierania czynników produkcji rolnej (FISP), który zapewnia drobnym rolnikom w całym kraju dostęp do nawozów i materiału siewnego dla ich działalności rolniczej. Wzorzec wzrostu w rolnictwie opiera się na uprawie kukurydzy, co powinno budzić obawy, ponieważ istnieją inne uprawy gotówkowe, takie jak maniok, sorgo i proso, które należy promować w celu zapewnienia zrównoważonego bezpieczeństwa żywnościowego kraju (Matandiko, 2010).

Chociaż w sektorze rolnym w Zambii nastąpił znaczny wzrost, niedobory żywności i trudności gospodarcze nie oszczędziły niektórych grup społecznych, głównie ze względu na dużą zależność od upraw deszczowych, gdzie susza zazwyczaj pociąga za sobą kryzys żywnościowy. Jest to szczególnie powszechne wśród rolników prowadzących działalność na małą skalę. Przewaga monokulturowej produkcji kukurydzy kosztem upraw odpornych na suszę, która pogłębia wpływ suszy na sytuację żywnościową, jest dość instrumentalna. Od dłuższego czasu kontynuowana jest ogólnokrajowa promocja uprawy kukurydzy bez należytego uwzględnienia jej przydatności agronomicznej. Ponieważ kukurydza jest podatna na suszę, produkcja rolna może być drastycznie niska w przypadku niekorzystnych warunków pogodowych. (Chikwanda, 2011), w sektorze rolniczym, rozszerzymy wsparcie dla upraw poza kukurydzą, wzmocnimy badania i usługi w zakresie upowszechniania wiedzy, zainwestujemy w nawadnianie, rozwój i rehabilitację infrastruktury hodowlanej. Szkoda, że polityka rządu zachęca do uprawy kukurydzy ze szkodą dla innych upraw. Te ograniczenia oznaczają, że korzyści płynące z poprawy produkcji rolnej często nie docierają do najbiedniejszych wiejskich gospodarstw domowych. W związku z tym nie wykorzystano jeszcze potencjału tego sektora w zakresie znacznego ograniczenia ubóstwa. Aby zaradzić tym ograniczeniom, rząd ponownie opracuje program wsparcia czynników produkcji rolnej, zmieni ukierunkowanie gwarancji rynkowych i zróżnicuje świadczenie usług w zakresie upowszechniania wiedzy rolniczej w celu wsparcia produkcji roślin uprawnych odpowiednich dla każdej strefy agroekologicznej. Pomimo tej polityki i wysiłków, dywersyfikacja upraw nadal nie została w pełni wykorzystana. Istnieje duża rozbieżność między sytuacją idealną a rzeczywistością. Luka ta jest tym, co niniejsze opracowanie ma na celu wypełnić.

2.10 Ramy koncepcyjne

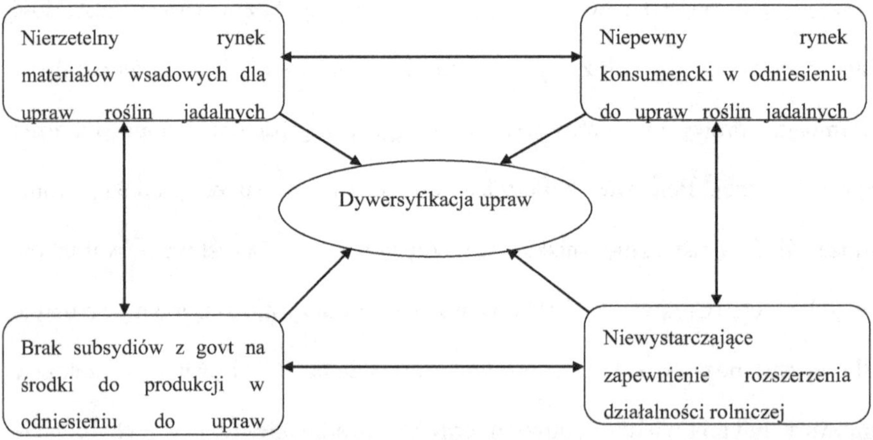

W powyższych ramach proponuje się, aby przyjęcie i praktyka dywersyfikacji upraw wśród drobnych producentów rolnych miały pewien negatywny wpływ na program wspierania środków produkcji rolnej (FISP). Na niewystarczający udział drobnych producentów rolnych w dywersyfikacji upraw mogą mieć wpływ cztery główne zmienne. Zmienne te obejmują: niewiarygodny rynek środków produkcji w przypadku upraw roślin jadalnych innych niż rośliny sterczące, niepewny rynek konsumencki w przypadku upraw roślin jadalnych innych niż sterczące, brak dotacji rządowych na środki produkcji w przypadku upraw roślin jadalnych innych niż sterczące oraz nieodpowiednie świadczenie usług w zakresie upowszechniania wiedzy rolniczej.

ROZDZIAŁ TRZY

3.0 MATERIAŁY I METODYS

3.1 Wprowadzenie

W niniejszym rozdziale przedstawiono szczegóły dotyczące sposobu opracowania opracowania. Poniższe informacje obejmują: opis obszaru badań, badanej populacji, wielkość próby i procedury doboru próby, instrumenty i procedury gromadzenia danych, walidację instrumentów gromadzenia danych, analizę danych oraz zestawienie zmiennych i ich ewentualnych skutków.

3.2 Ośrodek badawczy: Opis obszaru badawczego

Badanie zostało przeprowadzone w okręgu Mazabuka w południowej prowincji Zambii. Obszarem docelowym był Obóz Rolniczy Nega-nega, położony około czterdzieści dwa kilometry na północny wschód od Mazabuki. Obszar badań znajduje się w strefie 2 trzech odrębnych stref agro-ekologicznych Zambii. Obszar ten znajduje się na średniej wysokości 950 m n.p.m., a średnie roczne temperatury wahają się od 00C do 380C, a średnie roczne opady wynoszą 850 mm. Gleby na tym obszarze są czerwonawo-gliniaste, głęboko ustrukturyzowane i dobrze zdrenowane, z wierzchnią warstwą gleby piaszczysto-gliniastej o pH od 5,5 do 6,0 (ZARI, 2015). Liczba mieszkańców powiatu wynosi 261, 268 (CSO, 2010).

Obóz rolniczy Nega-nega obejmuje średnio 150 km2 , a jego całkowita zarejestrowana populacja rolnicza wynosi sześćset trzydzieści osiem (638), 289 samic i 349 samców. Ludność rolnicza obozu jest podzielona na pięć (5) stref nierównej populacji (AEO, 2016). Obszar ten obejmuje na ogół drobnych rolników o niskim statusie ekonomicznym, którzy polegają wyłącznie na sezonowym rolnictwie opadowym. Rolnicy zajmują się rolnictwem mieszanym, w którym hodują zwierzęta gospodarskie i produkują kukurydzę oraz kilka innych upraw żywnościowych, takich jak słodkie ziemniaki i orzechy ziemne, na bardzo małą skalę. Źródłem ich dochodów są przede wszystkim uprawy i sprzedaż zwierząt gospodarskich.

3.3 Metodologia i projektowanie badawcze

Projekt badawczy wykorzystany w tym badaniu jest sondażem, w którym zastosowano zarówno podejście ilościowe, jak i jakościowe. W związku z tym badanie opierało się zarówno na danych ilościowych, jak i jakościowych. Opisowy plan badania jest rodzajem metody badawczej wykorzystywanej do uzyskania informacji i opisania tego, co istnieje, w odniesieniu do warunków lub zmiennych występujących w danej sytuacji. Projekt badania ilościowego jest rodzajem metody badawczej używanej do zbierania informacji o jakimś zjawisku i wyciągania wniosków na jego temat na podstawie faktów empirycznych lub ilości informacji zwrotnych w odniesieniu do warunków lub zmiennych występujących w danej sytuacji (Kombo & Tromp, 2006). Konstrukcja ta została uznana za odpowiednią dla tego badania, ponieważ przewidywała zbieranie informacji na temat naturalnie występujących cech danej grupy bez zmiany środowiska.

3.4 Populacja docelowa

Bryman (2004) definiuje badaną lub docelową populację jako uniwersum jednostek, z których ma być wybrana badana próba. Badanie miało na celu objęcie rolników prowadzących działalność na niewielką skalę w Nega-nega Agricultural Camp, ponieważ charakter wymaganych informacji był bardzo związany z rolnikami prowadzącymi działalność na niewielką skalę. Populacja docelowa obejmowała 638 rolników (AEO, 2016).

3.5 Wielkość próbki i procedury pobierania próbek

Wyboru obozu dokonano za pomocą prób celowych lub niecelowych, w związku z poczynionymi obserwacjami. Proporcjonalne pobieranie próbek metodą Stratified Sampling, forma losowego pobierania próbek, została zastosowana przy wyborze próby w celu zapewnienia reprezentacji każdej warstwy lub podgrupy całej populacji docelowej. W tym celu każda z pięciu stref dostarczyła średnio czterdziestu dziewięciu (49) respondentów. Próba, która została wybrana, obejmowała dwieście czterdzieści pięć (245) rolników z sześćset trzydziestu osiemdziesięciu (638). Liczebność próby została ustalona w następujący sposób;

$n = N / 1+N(e)_2$

gdzie n = wielkość próby, N = populacja i e = margines błędu.

Łączna próbka obozowa:

$n = N / 1+N(e)_2 = 638 / 1+638 (0,05)_2 = 638 / 1+638 \times 0,0025$

$n = 638 / 1+1.595 = 638 / 2.6 = 245.38 =$ **245**.

Łączna próbka strefy:

$n = [N/1+N(e)^2] / 5 = [638/1+638\ (0.05)^2] / 5 = [638/2.595] / 5$

$n = 245 / 5 =$ **49**.

Współczynnik pobierania próbek = N / n = 638 / 245 = 2,6 = **3**.

Świadczy to o tym, że co trzeci rolnik w rejestrze każdej strefy został objęty próbą dla respondenta.

3.6 Instrumenty gromadzenia danych

Badanie opierało się na kwestionariuszach i wywiadach w celu zebrania danych pierwotnych. Dane wtórne uzyskano z lokalnego Urzędu Rozszerzenia Rolnictwa (AEO), Centrum Szkolenia Rolników (FTC), Krajowego Związku Rolników w Zambii (ZNFU) oraz z innych źródeł, które uznano za istotne, w tym z publikacji.

3.7 Walidacja instrumentów gromadzenia danych

Narzędzia do gromadzenia danych były zarówno facebookowe, jak i merytoryczne. Zostały one przedłożone organom nadzorującym badania do kontroli i uwierzytelnienia. Wszystkie zalecenia osób prowadzących badania zostały wydane przed przystąpieniem do administrowania instrumentami. Instrumenty badawcze były następnie zatwierdzane w drodze badania pilotażowego.

3.8 Procedury gromadzenia danych

Dane zostały zebrane w ciągu 20 dni. Badacz zaangażował osobiście przeszkolonych asystentów badawczych (enumeratorów) do zbierania danych od analfabetów, a także do dystrybucji narzędzi do zbierania danych wśród analfabetów w swoich strefach, a następnie do zbierania wypełnionych kwestionariuszy w ustalonym terminie, w ciągu 20 dni. W trakcie wizyt w lokalnym Urzędzie Rozszerzenia Rolnictwa (AEO), Centrum Szkolenia Rolników (FTC), Krajowym Związku Rolników w Zambii (ZNFU) i u rolników poszukiwano danych wtórnych w celu dystrybucji i gromadzenia instrumentów gromadzenia danych.

3.9 Analiza danych

Zebrane dane były systematycznie kodowane w arkuszach kalkulacyjnych programu Microsoft Excel, a następnie poddawane analizie statystycznej przy użyciu STATA w celu wygenerowania zestawień tabelarycznych, zestawień krzyżowych i wykresów dla łatwej reprezentacji danych. Hipotezy zostały przetestowane za pomocą testu asocjacji Chi Square.

3.10 Triangulacja

W celu ułatwienia walidacji danych, zebrane dane zostały zweryfikowane krzyżowo poprzez porównanie ich z danymi uzyskanymi z równoległego źródła (badanie pilotażowe), które obejmowały respondentów, którzy nie należeli do rzeczywistej populacji docelowej.

3.11 Względy etyczne

W większości badań z zakresu nauk społecznych uczestnicy są znani badaczowi i anonimowość jest więc niemożliwa do zachowania. W takim przypadku badacz powinien zapewnić uczestników, że ich tożsamość oraz informacje zwrotne będą traktowane z zachowaniem najwyższej poufności i nigdy nie zostaną ujawnione żadnej osobie trzeciej (Parahoo, 2006). W ten sposób badacz zapewnił respondentów, że ich tożsamość nie zostanie ujawniona przez obie strony, a informacje zwrotne będą traktowane z dużą poufnością. Respondenci zostali również zapewnieni, że ich odpowiedzi zostaną wykorzystane wyłącznie do celów badawczych i żadna z nich nie zostanie ujawniona żadnej osobie ani urzędowi w jakichkolwiek złych celach, co będzie niekorzystne dla któregokolwiek z respondentów. Wyniki badania zostałyby wykorzystane jedynie do celów tego przedsięwzięcia akademickiego i wszelkich celów wprowadzenia zmian i poprawy systemu rolniczego, jeśli zaistniałaby taka potrzeba.

3.12 Ograniczenia badań

Badanie to zostało przeprowadzone przy następujących ograniczeniach: wyzwania finansowe utrudniały produkcję lepszej pracy, ponieważ badanie nie było finansowane z zewnątrz, a wszystkie wydatki były pokrywane przez badacza. Fakt ten przyczynił się do ograniczenia obszaru badań, populacji, a także liczebności próby, co może prowadzić do wyników, które mogą być mało reprezentatywne, ograniczając tym samym ich uogólnienie. Mogą też wystąpić zmiany w rzeczywistych zamiarach respondentów w procesie tłumaczenia i przekładu informacji zawartych w kwestionariuszach, ponieważ część z badanych, którymi się zajmowano, nie była obeznana z literaturą.

ROZDZIAŁ CZWARTY

4.0 WYNIKI BADAŃ

4.1 Charakterystyka demograficzna respondentów.

Poniżej znajduje się prezentacja atrybutów demograficznych badanych jednostek. Charakterystyka obejmuje obóz i strefę zamieszkania, płeć, grupę wiekową i stan cywilny.

Tabela 4.1Demograficzna charakterystyka respondentów.

Charakterystyczne	Klasyfikacja	Częstotliwość:	Procent
Obóz	Nega-nega	245	100.00
Strefa	1	49	20.00
	2	50	20.41
	3	45	18.37
	4	52	21.22
	5	49	20.00
Płeć	Kobieta	111	45.31
	Mężczyzna	134	54.69
Wiek	26 - 35	41	16.73
	36 - 45	42	17.14
	46 - 55	80	32.65
	56 +	83	33.88
Stan cywilny	Pojedynczy	6	2.44
	Rozwiedziony	35	14.29
	Owdowiały	40	16.33
	Żonaty	164	66.94

Z tabeli 4.1 wynika, że wszyscy respondenci pochodzili z tego samego obozu rolniczego, Nega-nega. Pokazuje ona również, że wszystkie pięć stref obozu było reprezentowanych. Strefa 3 miała najmniejszą reprezentację 45 (18,37%), strefy 1 i 5 miały równą reprezentację 49 (20,00%), strefa 2 była reprezentowana przez 50 (20,41%), natomiast strefa 4 miała największą reprezentację, która wynosiła 52 (21,22%) z 245 badanych jednostek. W badaniu wzięło udział więcej mężczyzn niż kobiet - 111 (45,31%) kobiet i 134 (54,69%) mężczyzn. Tylko 6 (2,44%) respondentów było samotnych. 35 respondentów (14,29%) było rozwiedzionych, a 40 (16,33%) było wdowami. Największą reprezentację stanowili respondenci żonaci, których liczba wynosiła 164 (66,94%). Ponadto, struktura wiekowa respondentów była w porządku rosnącym - żaden z nich nie był niższy niż 26 lat, 41 (16,73%) pomiędzy 26 a 35, 42 (17,14%) mieściło się w przedziale 36-45 lat, podczas gdy ci pomiędzy 46 a 55 latami 80 (32,65%). 83 (33,88%) respondentów z ogólnej liczby 245 było w wieku powyżej 55 lat.

4.2 Wskaźniki przyjęcia dywersyfikacji upraw (Crop Diversification Adoption Rates).

W tej części przedstawiono szczegóły dotyczące wskaźników przyjęcia dywersyfikacji upraw w obozie rolniczym Nega-nega przed i po wprowadzeniu Programu Wsparcia Wejścia Rolnika.

4.2.1 Wskaźniki przyjęcia dywersyfikacji upraw przed Programem Wsparcia Wejścia Farmera.

Poniższy wykres zawiera szczegółowe informacje dotyczące wskaźników przyjęcia dywersyfikacji upraw przed wprowadzeniem Programu Wsparcia Wprowadzeń Rolniczych.

Wykres 4.2.1 Stopy przyjęcia dywersyfikacji upraw przed wprowadzeniem FISP.

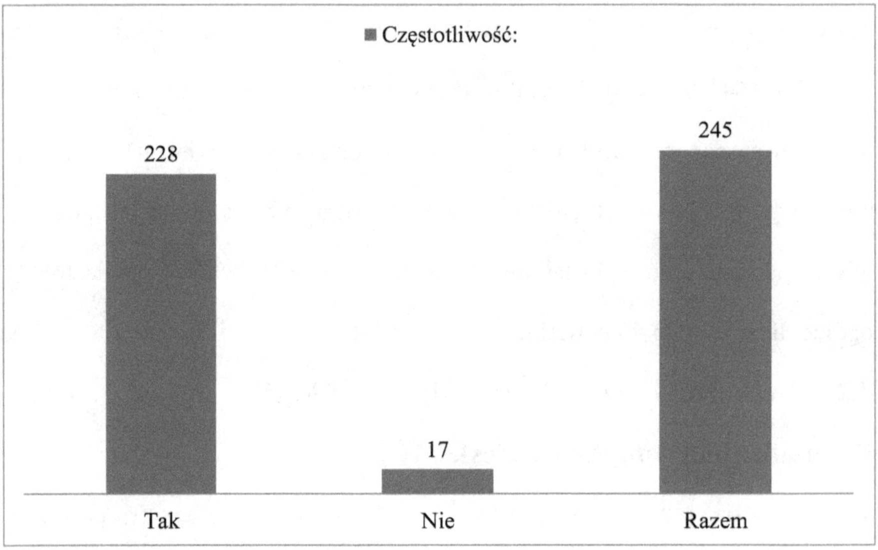

Z wykresu 4.2.1. wynika, że z łącznej liczby 245 prawidłowych odpowiedzi 17 (6,94%) respondentów nie praktykowało różnicowania upraw przed wprowadzeniem Programu Wsparcia Wkładu Rolniczego. Większość respondentów w obozie, 228 (93,06%), uprawiało zróżnicowaną uprawę przed wprowadzeniem Programu Wsparcia Zasobów Rolnych.

4.2.2 Stopy przyjęcia dywersyfikacji upraw w ciągu ostatnich pięciu sezonów.

Poniższy wykres przedstawia szczegóły dotyczące wskaźników przyjęcia zróżnicowania upraw w ostatnich pięciu sezonach rolniczych.

Wykres 4.2.2 Wskaźniki przyjęcia dywersyfikacji upraw w ostatnich pięciu sezonach.

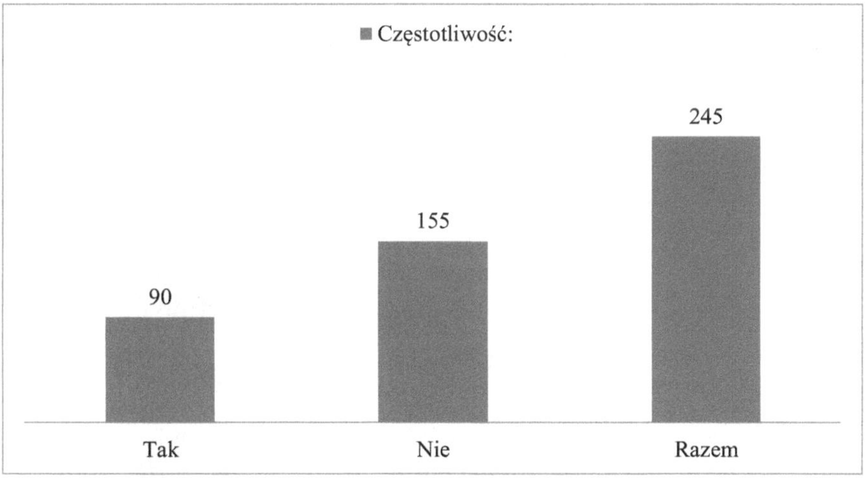

Wykres 4.2.2 pokazuje, że spośród 245 ważnych odpowiedzi 90 (36,73%) respondentów praktykowało zróżnicowanie upraw w ostatnich pięciu sezonach rolniczych. 155 (63,27 %) respondentów nie prowadziło zróżnicowanych upraw w ciągu ostatnich pięciu sezonów rolniczych.

4.2.3 Stopy przyjęcia dywersyfikacji upraw w sezonie rolniczym 2016-2017.

PoniĪszy wykres przedstawia szczegóáy dotyczące wskaźników uĪytkowania róĪnicowania upraw w sezonie rolniczym 2016-2017.

Wykres 4.2.3 Stopy przyjęcia dywersyfikacji upraw w sezonie rolniczym 2016-2017.

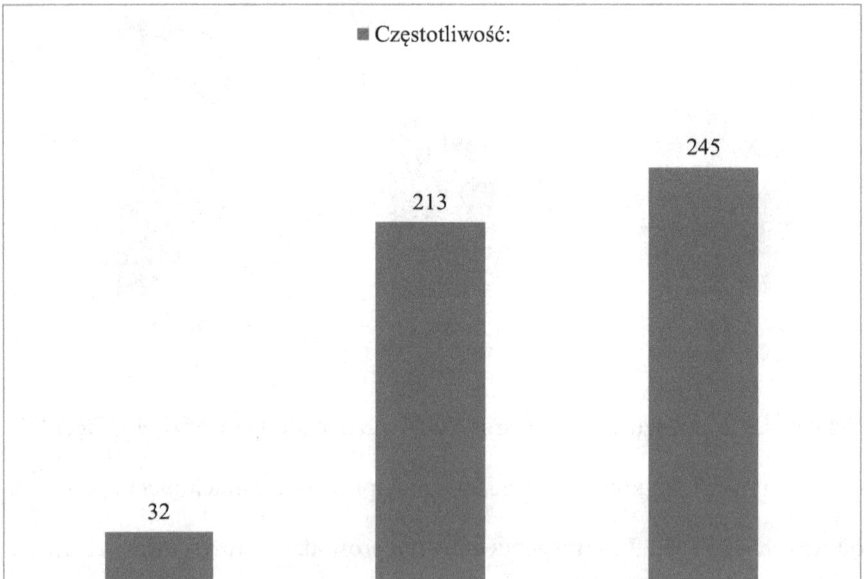

Z wykresu 4.2.3 wynika, Īe z áącznej liczby 245 waĪnych odpowiedzi tylko 32

(13,06%) respondentów prowadziáo dywersyfikacjĊ upraw w sezonie rolniczym 2016-2017. WiĊkszoĞü, 213 (88,94%) respondentów wykazaáo, Īe w sezonie rolniczym 2016-2017 nie prowadziáo zróĪnicowanych upraw.

4.3 Rośliny uprawiane w obozie.

W tej części przedstawione są informacje dotyczące różnych upraw, które zostały wyprodukowane w obozie przed i po wprowadzeniu Programu Wspierania Wprowadzeń Rolniczych.

4.3.1 Rośliny uprawiane w obozie przed wprowadzeniem FISP.

Poniższa tabela zawiera informacje na temat rodzajów upraw, które dana strefa produkowała przed wprowadzeniem Programu Wsparcia Wprowadzeń Rolniczych.

Tabela 4.3.1 Rośliny uprawiane w obozie przed wprowadzeniem FISP.

Uprawa	Częstotliwość:	Procent
Fasola	104	42.45
Bawełna	167	68.16
Groundnuts	209	85.31
Słonecznik	116	47.35
irlandzkie ziemniaki	26	10.61
Kukurydza	245	100.00
Słodkie ziemniaki	134	54.69
Cassava	98	40.00
Groszek krowi	121	49.39

Tabela 4.3.1 pokazuje, że przed wprowadzeniem Programu Wsparcia

Wprowadzeń Rolniczych produkowano szereg upraw o wysokiej wartości. Najmniej produkowaną rośliną był ziemniak irlandzki, którego udział wynosił 10,61%. Cassava wynosiła 40,00%, fasola 42,45%, słonecznik 47,35%, a groszek krowi 49,39%. Pozostałe uprawy wynosiły ponad 50% w stosunku do całkowitej liczby respondentów. Udział słodkich ziemniaków wynosił 54,69%, bawełny 68,16%, a orzechów arachidowych - 85,31% w stosunku do wszystkich upraw nieszpułkowych. Kukurydza, podstawowa uprawa roślin jadalnych wyniosła 100,00%, co wskazuje, że uprawa ta była produkowana przez każdego respondenta.

4.3.2 Uprawy rolne uprawiane w obozie w ciągu ostatnich pięciu sezonów rolniczych.

Poniższa tabela zawiera informacje na temat rodzajów upraw, które dana strefa produkowała w ciągu ostatnich pięciu sezonów rolniczych.

Tabela 4.3.2 Uprawy uprawiane w obozie w ostatnich pięciu sezonach gospodarczych.

Uprawa	Częstotliwość:	Procent
Fasola	26	10.61
Bawełna	11	4.49
Groundnuts	72	29.39
Słonecznik	17	6.94
irlandzkie ziemniaki	0	0
Kukurydza	245	100.00
Słodkie ziemniaki	30	12.24

Cassava	0	0
Groszek krowi	21	8.57

Tabela 4.3.2 pokazuje, że irlandzkie ziemniaki i maniok nie były produkowane w ciągu ostatnich pięciu sezonów rolniczych. Najmniej produkowaną rośliną była bawełna, która stanowiła 4,49%. Słonecznik wynosił 6,94%, groszek bydlęcy 8,57%, fasola 10,61%, a słodkie ziemniaki 12,24%. Udział orzeszków ziemnych w produkcji był najwyższy spośród wszystkich upraw żywności nieszpułkowanej i wynosił 29,39%. Kukurydza, podstawowa uprawa roślin jadalnych wyniosła 100,00%, co wskazuje, że uprawa ta była produkowana przez każdego respondenta.

4.3.3 Uprawy rolne uprawiane w obozie w latach 2016-2017 Sezon Rolniczy.

Poniższa tabela zawiera szczegółowe informacje na temat rodzajów upraw, które strefa produkowała w sezonie rolniczym 2016-2017.

Tabela 4.3.3 Rośliny uprawiane w obozie w sezonie rolniczym 2016-2017.

Uprawa	Częstotliwość:	Procent
Fasola	15	6.12
Bawełna	0	0
Groundnuts	44	17.96
Słonecznik	0	0

irlandzkie ziemniaki	0	0
Kukurydza	245	100.00
Słodkie ziemniaki	25	10.20
Cassava	0	0
Groszek krowi	16	6.53

Tabela 4.3.3 pokazuje, że irlandzkie ziemniaki, słonecznik, bawełna i maniok nie były produkowane w sezonie rolniczym 2016-2017. Najmniej wyprodukowaną rośliną była fasola, która wynosiła 6,12%. Krowi groszek wynosił 6,53%, a słodkie ziemniaki 10,20%. Orzeszki ziemne były najwyższe pod względem udziału produkcji wśród wszystkich upraw żywności nieszpułkowanej na poziomie 17,96%. Kukurydza, podstawowa uprawa roślin jadalnych wyniosła 100,00%, co wskazuje, że uprawa ta była produkowana przez każdego respondenta.

4.4 Podawanie danych wejściowych przez Program Obsługi Wejść Farmera.

W dalszej części rozdziału przedstawiono szczegóły dotyczące upraw, do których Program Wsparcia Środków Rolniczych dostarczał środki rolnicze od początku jego istnienia do chwili obecnej.

Wykres 4.4 Podawanie danych wejściowych przez Program Obsługi Wejść Farmera.

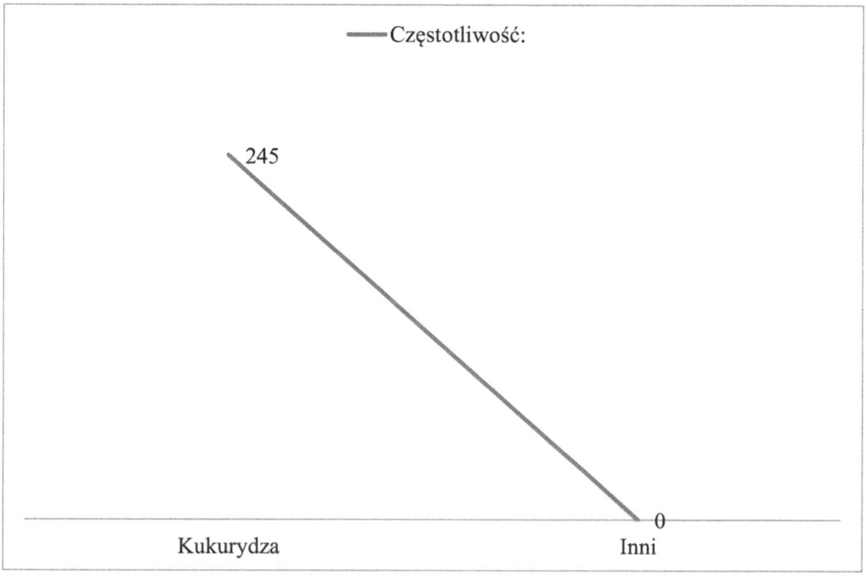

Wykres 4.4 przedstawia, że Program Wspierania Wejścia Rolniczego nie dostarcza i nigdy nie dostarczał danych wejściowych dla żadnych upraw żywności nie pochodzących ze stapli od początku jego istnienia. Świadczy o tym brak odpowiedzi "tak" ze strony wszystkich 245 respondentów. Wszystkich 245 respondentów, reprezentujących 100,00%, wskazało, że Program Wspierania Wprowadzania Produktów Rolniczych od początku jego istnienia dostarczał jedynie surowce do produkcji kukurydzy.

4.5 Roczny dochód ze sprzedaży upraw.

W tej części przedstawione są szczegóły dotyczące średnich rocznych przychodów respondentów uzyskiwanych ze sprzedaży upraw. Poniższa tabela jest tabelą krzyżową pokazującą zależność między całkowitym dochodem ze sprzedaży wszystkich upraw a dochodem ze sprzedaży roślin jadalnych niestopkowych w pięciu poprzednich sezonach rolniczych.

Tabela 4.5 Średni roczny dochód ze sprzedaży roślin uprawnych w ostatnich pięciu sezonach rolniczych.

Uprawa roczna Przychody ze sprzedaży	Roczny dochód ze sprzedaży roślin uprawnych niestopowych				
	0	**1-500**	**501-1000**	**1001-5000**	**Razem**
6000-10000	0	41	41	0	**82**
11000-15000	42	0	0	0	**42**
16000-20000	81	0	0	40	**121**
Razem	**123**	**41**	**41**	**40**	**245**

Z tabeli 4.5 wynika, że 40 (16,33%) respondentów otrzymywało od K1001 do K5000 z tytułu sprzedaży upraw roślin jadalnych innych niż stapla. Była to najwyżej zarabiająca grupa ze sprzedaży roślin nieszpułkowanych. Osoby zarabiające pomiędzy K501 a K1000, a także osoby zarabiające pomiędzy K1 a K500 reprezentowane były przez 41 (16,73%) respondentów. 123 (50,20%) respondentów nie uzyskiwało żadnych dochodów ze sprzedaży roślin jadalnych nie pochodzących z kapusty. Jeśli chodzi o całkowity roczny dochód ze sprzedaży upraw, 42 (17,14%) spośród wszystkich respondentów miało swój roczny dochód w zakresie od K11000 do K15000. Te, które zarobiły od K6000 do K10000, wynosiły 82 (33,47%). 121 (49,39%) miało swoje roczne zarobki w przedziale od K16000 do K20000.

4.6 Subwencja rządowa na wejścia.

Ta część rozdziału zawiera więcej informacji na temat rynków zbytu środków produkcji na tym obszarze oraz na temat subsydiowania przez rząd dostarczanych środków produkcji. Poniższa tabela przedstawia dostępność rynków zbytu dla środków produkcji rolnej, jak również dostępność subsydiowanych przez rząd środków produkcji na tym obszarze.

Tabela 4.6 Outlety wejściowe i subwencja rządowa dla upraw roślin jadalnych niestepowych.

Otwory wejściowe do produkcji żywności innej niż staple	Subsydiowane przez rząd Wsady do produkcji roślin uprawnych niestopniowych		
	Tak	**Nie**	**Razem**
Tak	0	122	**122**
Nie	0	123	**123**
Razem	**0**	**245**	**245**

Zgodnie z tabelą 4.6, 122 (49,80 %) odpowiedzi wskazywało, że na ich obszarze istnieją rynki zbytu dla roślin jadalnych niestaplowanych, natomiast 123 (50,20 %) twierdziło, że na tym obszarze nie ma rynków zbytu dla roślin jadalnych niestaplowanych. Wszyscy spośród 245 respondentów wskazali na brak subsydiowanych przez rząd środków produkcji rolnej na tym obszarze.

4.7 Przeszkoda w dywersyfikacji upraw przez Program Wsparcia Wejścia Farmera.

Niniejsza prezentacja przedstawia szczegółowe informacje na temat postrzegania przez rolników wpływu wprowadzenia Programu wsparcia środków produkcji rolnej na wskaźniki przyjęcia dywersyfikacji upraw.

Poniższy wykres przedstawia ocenę wpływu Programu Wsparcia Wkładu Rolniczego na przyjęcie i praktykę dywersyfikacji upraw.

Wykres 4.7 Przeszkoda FISP w dywersyfikacji upraw.

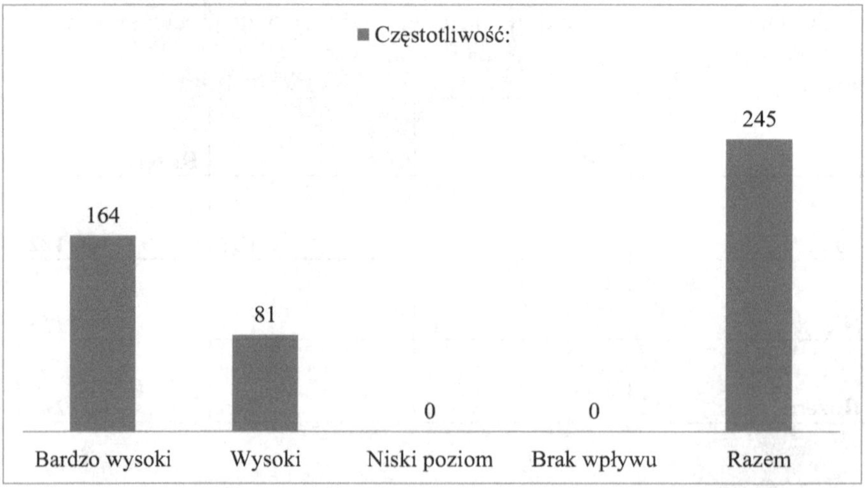

Z wykresu 4.7 wynika, że 0 (0%) respondentów wskazało, że efekt był albo niski, albo w ogóle nie wystąpił. 81 respondentów, reprezentujących 33,06%, oceniło negatywny wpływ programu na zróżnicowanie upraw jako bardzo wysoki, podczas gdy 164 (66,94%) oceniło go jako wysoki. Tabela dalej odnosi się do faktu, że negatywny wpływ Programu Wspierania Wejścia Rolnika był postrzegany przez wszystkich respondentów i że był on wysoki.

4.8 Rządowy rynek produkcji roślinnej.

Część 4.8 podaje szczegóły dotyczące dostępności zainicjowanego przez rząd rynku dla produktów rolnych.

4.8.1 Rządowy rynek dla wszystkich upraw.

Poniżej znajduje się wykres przedstawiający dostępność rynku rządowego dla podstawowych upraw żywności, kukurydzy i innych upraw, które nie są podstawowymi uprawami żywności.

Wykres 4.8.1 Rządowy rynek dla wszystkich upraw.

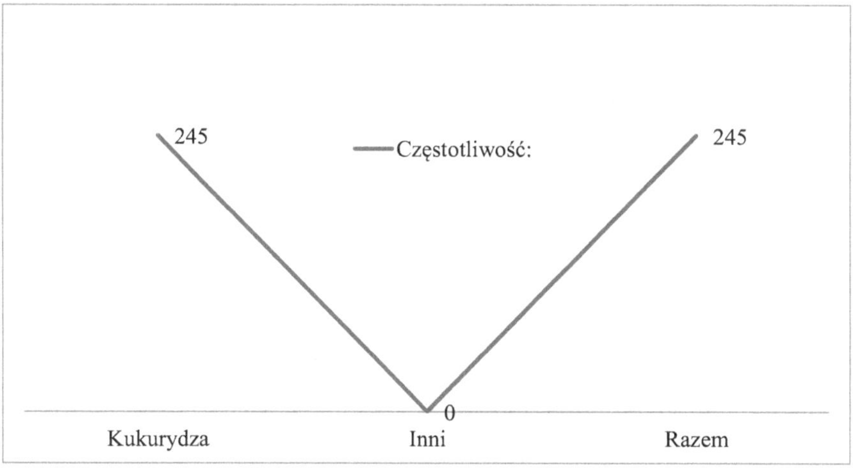

Wykres 4.8.1 pokazuje, że żaden z respondentów nie wskazał, że rząd posiadał system wprowadzania do obrotu produktów żywnościowych niestopowych, podczas gdy wszystkie 245 (100,00%) odpowiedzi pokazało, że rząd zapewnił drobnym rolnikom rynek dla podstawowych produktów żywnościowych, kukurydzy.

4.8.2 Rządowy Rynek Produktów Spożywczych Niestapkowych.

Poniższy wykres ilustruje dostępność rządowego rynku produktów żywnościowych niestaplowanych na tym obszarze.

Wykres 4.8.2 Rynek rządowy upraw roślin jadalnych innych niż krokiety.

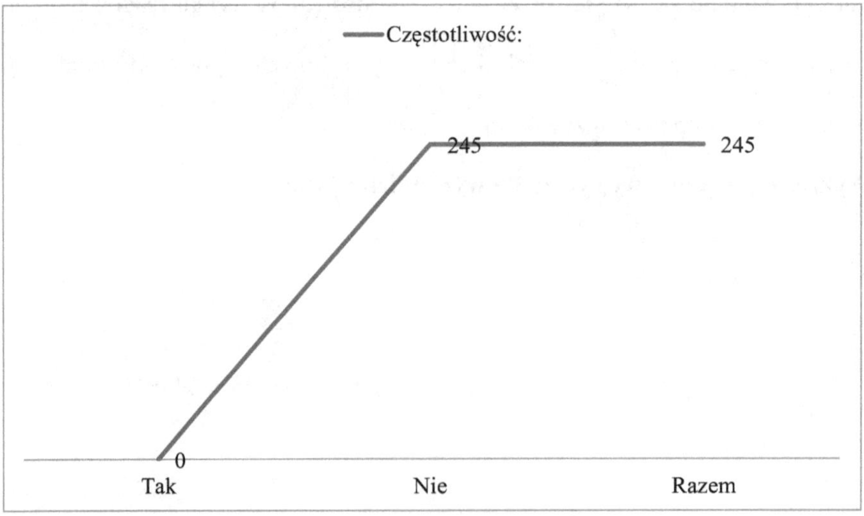

Zgodnie z wykresem 4.8.2, 0 (0%) odpowiedzi wskazywało na obecność rynku rządowego lub ram marketingowych dla wszelkich upraw żywności niestaplerowej. Zgodnie z otrzymanymi odpowiedziami, 245 (100,00%) odpowiedzi wskazywało, że nie istnieje żaden rządowy rynek lub zainicjowany rynek dla produkowanych roślin jadalnych niestapleowych.

4.8.3 Gwarancja lub rzetelność rynku dla produktów żywnościowych niepochodzących z uprawy roślin.

W tej części opracowania przedstawiono rzetelność lub gwarancję dostępnego rynku dla produktów rolnych pochodzących z upraw roślin jadalnych nieszpułkujących, postrzeganych przez respondentów. Szczegóły dotyczące informacji zawartych w tej części zostały przedstawione w poniższej tabeli, która jest tabelą przekrojową ukazującą związek między gwarancją rynkową a dostępnością osób lub organizacji kupujących produkty żywnościowe niepochodzące z upraw roślin jadalnych na danym obszarze.

Tabela 4.8.3 Gwarancja lub rzetelność rynku dla produktów żywnościowych niepochodzących z uprawy roślin.

Gwarantowany rynek dla upraw roślin jadalnych niestopowych	Ludzie/Orgowie kupujący żywność bez pestek		
	Tak	**Nie**	**Razem**
Tak	0	0	**0**
Nie	222	23	**245**
Razem	**222**	**23**	**245**

Tabela 4.8.3 pokazuje, że w 23 (9,39%) odpowiedziach stwierdzono, że nie było osób lub organizacji, które kupowały produkty rolne z upraw roślin jadalnych innych niż roślinne, podczas gdy w pozostałych 222 (90,61%) odnotowano obecność osób lub organizacji, które odwiedziły ten obszar w celu zakupu produktów rolnych z upraw roślin jadalnych innych niż roślinne. Z tabeli wynika ponadto, że żaden z respondentów nie poparł wiarygodności lub gwarancji produktów żywnościowych niepochodzących z upraw roślin jadalnych. Wszystkie 245 (100,00%) odpowiedzi wskazywało, że dostępny rynek produktów żywnościowych niepochodzących z upraw roślin jadalnych, jeśli w ogóle istnieje, nie jest gwarantowany ani wiarygodny.

4.9 Gotowość do dywersyfikacji w zakresie upraw.

Obecna sekcja zawiera informacje na temat opinii respondentów na temat dywersyfikacji upraw oraz ich chęci lub chęci przyjęcia takiej praktyki, gdyby ramy rynkowe i marketingowe zarówno dla środków produkcji, jak i produktów przeznaczonych do produkcji żywności niestaplowej zostały zrestrukturyzowane i w pełni wspierane przez rząd.

Wykres 4.9 Gotowość do dywersyfikacji w uprawie.

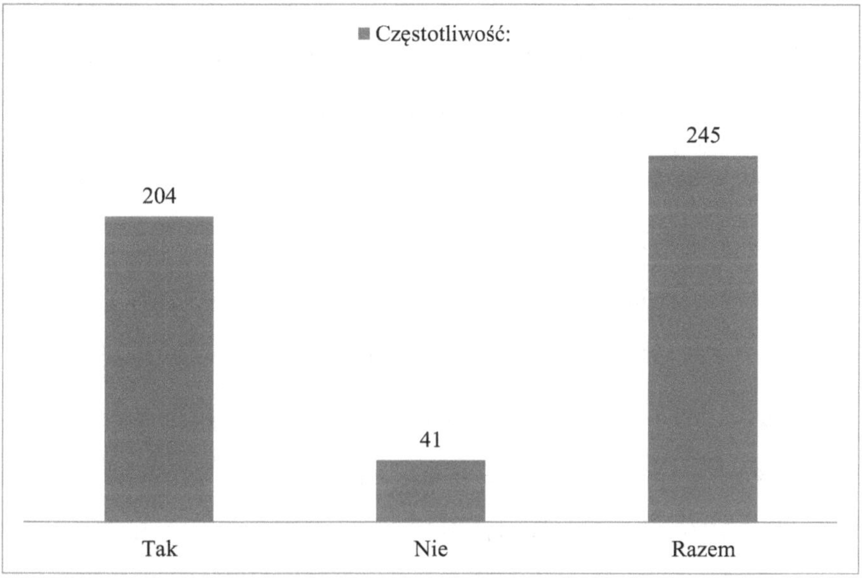

Zgodnie z wykresem 4.9 jedynie 41 odpowiedzi, stanowiących 16,73% wszystkich ważnych odpowiedzi, wykazało niechęć do dywersyfikacji upraw, nawet po ustanowieniu wiarygodnego i subsydiowanego rynku surowców do produkcji żywności niepochodzących z upraw roślin jadalnych oraz po istnieniu dobrze wspieranego rynku konsumenckiego dla produktów pochodzących z upraw roślin jadalnych niepochodzących z upraw roślin jadalnych.

4.10 Sugerowane zmiany w ramach FISP i ram wprowadzania do obrotu produktów rolnych.

Respondenci zasugerowali następujące zmiany lub dostosowania w sposobie prowadzenia Programu Wsparcia Wprowadzania Produktów Rolnych (FISP) oraz ram marketingowych produktów rolnych, w szczególności produktów roślinnych.

1. Program wsparcia czynników produkcji rolnej ma na celu rozszerzenie dostaw czynników produkcji na uprawy roślin jadalnych innych niż staple, które same w sobie mają wysoką wartość, ponieważ zwiększy to roczne dochody rolników.
2. Obecne rządowe ramy marketingowe (tworzenie rezerw żywnościowych), zainicjowane przez Agencję Rezerw Żywnościowych (FRA), mają zostać zrestrukturyzowane i rozszerzone na zakup produktów żywnościowych niebędących roślinami pastewnymi, a także rozciągnąć je na niektóre znaczące uprawy o wysokiej wartości, które są roślinami niespożywczymi.
3. Zarówno podaż środków produkcji, jak i strategie zakupu produktów są obecnie wysoce segregacyjne i stanowią zachowanie wysokiej klasy społecznej. Tylko nieliczne osoby o wysokiej pozycji społecznej i wpływach czerpią pełne korzyści z tych dwóch programów. Należy podjąć działania mające na celu zapewnienie powszechnego i sprawiedliwego dostępu do tych dwóch programów.
4. Rząd powinien uznać i przyjąć na siebie odpowiedzialność za zapewnienie lub wspieranie konkurencyjnego rynku zarówno środków produkcji, jak i produktów w sektorze rolnym, tak aby drobni rolnicy mogli czerpać korzyści ze swoich gospodarstw rolnych.

4.11 Świadczenie usług w zakresie rozszerzania działalności rolniczej.

W aktualnej części rozdziału przedstawiono ustalenia oparte na statusie świadczonej na tym obszarze usługi rozbudowy rolnej.

4.11.1 Obecność oficera ds. rozszerzenia działalności rolniczej w obozie.

Poniższa tabela jest tabelą krzyżową, zawierającą szczegółowe informacje dotyczące obecności urzędnika ds. rozszerzenia działalności rolniczej w obozie w ciągu ostatnich pięciu sezonów rolniczych, a także w trakcie sezonu rolniczego 2016-2017.

Tabela 4.11.1 Obecność urzędnika ds. rozszerzenia działalności rolniczej w obozie.

AEO przedstawia ten sezon	AEO Obecny w obozie w ciągu ostatnich 5 lat		
	Tak	**Nie**	**Razem**
Tak	245	0	**245**
Nie	0	0	**0**
Razem	**245**	**245**	**245**

Tabela 4.11.1 pokazuje, że obóz posiadał rozbudowę rolniczą w ciągu ostatnich

pięciu sezonów rolniczych, jak również w bieżącym sezonie, 2016-2017. Żaden z respondentów nie zaprzeczył, że w obozie przebywał przedłużacz rolniczy w tym okresie, podczas gdy wszyscy respondenci, 245 (100,00%) wskazali, że posiadali przedłużacz rolniczy w ciągu ostatnich pięciu sezonów rolniczych, a także w obecnym sezonie, 2016-2017.

4.11.2 Świadczenie usług związanych z rozszerzeniem działalności rolniczej na terenie obozu.

Poniższy wykres przedstawia szczegóły dotyczące częstotliwości świadczenia usług w zakresie upowszechniania wiedzy rolniczej przez urzędnika ds. upowszechniania wiedzy rolniczej w obozie w ciągu ostatnich pięciu sezonów rolniczych, a także w sezonie rolniczym 2016-2017.

Wykres 4.11.2 Świadczenie usług związanych z rozszerzeniem działalności rolniczej na terenie obozu.

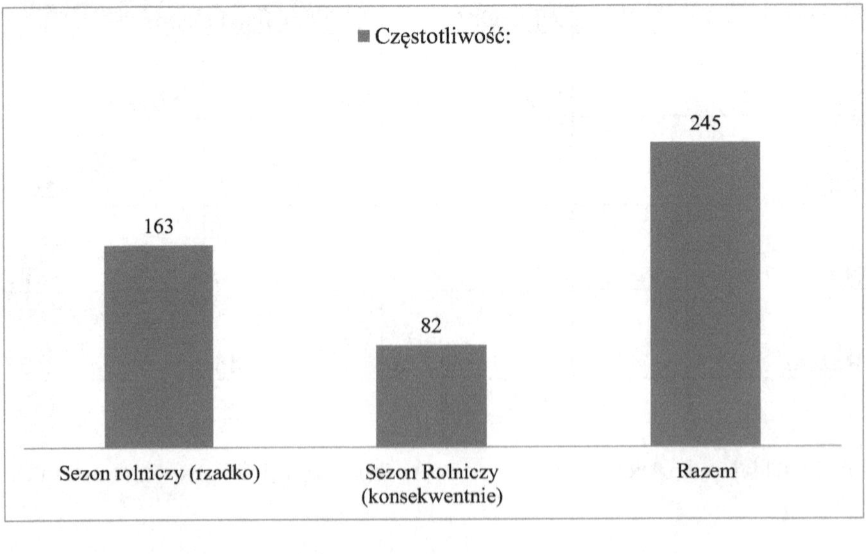

Z wykresu 4.11.2 wynika, że świadczenie usług w zakresie upowszechniania wiedzy rolniczej przez urzędnika ds. upowszechniania wiedzy rolniczej miało miejsce jedynie w trakcie sezonu rolniczego. Spośród 245 ważnych odpowiedzi 82 (33,47 %) wskazały, że usługi w zakresie upowszechniania wiedzy rolniczej były świadczone wyłącznie w trakcie sezonu rolniczego i w sposób spójny. Pozostali respondenci, 163 (66,53 %), stwierdzili również, że usługi związane z rozpowszechnianiem informacji były świadczone tylko w trakcie sezonu rolniczego, choć rzadko.

4.11.3 Świadczenie usług w zakresie rozszerzenia i wspierania dywersyfikacji upraw.

Poniższa tabela jest tabelą przekrojową przedstawiającą szczegóły dotyczące częstotliwości świadczenia usług upowszechniania wiedzy rolniczej przez urzędnika ds. upowszechniania wiedzy rolniczej w obozie w ciągu ostatnich pięciu sezonów rolniczych, a także w sezonie rolniczym 2016-2017 oraz wspierania przez urzędnika ds. upowszechniania wiedzy rolniczej zróżnicowania upraw.

Tabela 4.11.3 Zapewnienie rozszerzenia i promocji dywersyfikacji upraw.

Rozszerzenie przepisów dotyczących rolnictwa przez AEO	AEO wspierający dywersyfikację upraw		
	Tak	**Nie**	**Razem**

Sezon rolniczy (rzadko)	122	41	**163**
Sezon rolniczy (konsekwentnie)	82	0	**82**
Razem	**204**	**41**	**245**

Tabela 4.11.3 pokazuje, że świadczenie usług w zakresie upowszechniania wiedzy rolniczej przez urzędnika ds. upowszechniania wiedzy rolniczej było ograniczone do sezonu rolniczego. Spośród 245 ważnych odpowiedzi 82 (33,47 %) wskazały, że usługi w zakresie upowszechniania wiedzy rolniczej były świadczone przez urzędnika ds. upowszechniania wiedzy rolniczej jedynie w trakcie sezonu rolniczego i w sposób spójny. Pozostali respondenci, 163 (66,53 %), stwierdzili również, że usługi w zakresie upowszechniania informacji były świadczone przez urzędnika ds. upowszechniania informacji tylko w trakcie sezonu rolnego, choć rzadko. The table further shows that 41 (16,73 %) responses indicated that the extension officer did not promote crop diversification. 204 (83,27 %) odpowiedzi wskazywały, że urzędnik odpowiedzialny za procedury rozszerzenia faktycznie promował zróżnicowanie upraw.

4.11.4 Wezwanie skierowane do rolników przez AEO i dalszą reakcję.

Poniższa tabela jest tabelą przekrojową przedstawiającą szczegóły dotyczące wezwania rolnika ds. rozszerzenia działalności rolniczej oraz odpowiedzi urzędnika na wezwanie. W poniższej tabeli oceniono odpowiedź funkcjonariusza ds. rozszerzenia zakresu obowiązków na wezwanie wystosowane przez rolników.

Tabela 4.11.4 Wezwanie rolników do udziału w AEO i w odpowiedzi na nie.

Wezwanie AEO	Reakcja AEO na wezwanie			
	Bardzo dobry	**Dobry**	**Nie jestem pewien**	**Razem**
Tak	82	122	0	**204**
Nie	0	0	41	**41**
Razem	**82**	**122**	**41**	**245**

Tabela 4.11.4 wskazuje, że 41 (16,73 %) respondentów nie zwróciło się do urzędnika ds. rozszerzenia w zakresie rolnictwa o poradę techniczną, podczas gdy 204 (83,27 %) respondentów zwróciło się do urzędnika ds. rozszerzenia o poradę techniczną. Jeśli chodzi o ocenę odpowiedzi urzędnika przedłużającego postępowanie na wezwanie, 41 (16,73 %) respondentów, którzy nigdy nie zwrócili się do urzędnika przedłużającego postępowanie, stwierdziło, że nie są pewni i nie mogą wystawić oceny. 82 odpowiedzi, stanowiące 33,47 %, oceniły odpowiedź urzędnika przedłużającego postępowanie na wezwanie jako dobrą, podczas gdy 122 (49,80 %) odpowiedziało, że odpowiedź urzędnika przedłużającego postępowanie na wezwanie rolników była dobra.

4.12 Źródła informacji rolniczej dla rolników.

W tej części przedstawiono szczegóły dotyczące głównych źródeł, z których rolnicy mają dostęp do informacji o rolnictwie. Poniższy wykres przedstawia pięć głównych źródeł informacji o rolnictwie, z których korzystali rolnicy.

Wykres 4.12 Źródła informacji rolniczej dla rolników.

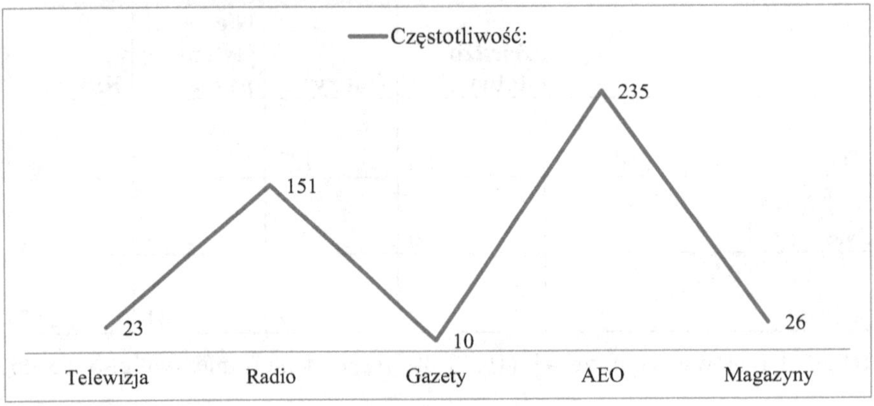

Na wykresie 4.12 przedstawiono pięć głównych źródeł informacji rolniczej dla rolników. Pięć głównych źródeł to: telewizja, radio, gazety, czasopisma i biuro rozbudów rolniczych. Tylko 10 (4,08%) respondentów uzyskało dostęp do informacji o rolnictwie za pośrednictwem gazet. 23 (9,39 %) i 26 (10,61 %) respondentów uzyskało dostęp do informacji na temat rolnictwa odpowiednio za pośrednictwem telewizji i czasopism. Te, które uzyskały informacje rolnicze przez radio, to 151, co stanowi 61,63% wszystkich ważnych odpowiedzi. Większość respondentów (235; 95,92 %) miało dostęp do informacji o rolnictwie za pośrednictwem lokalnego biura doradztwa rolniczego.

4.13 Skuteczność usługi rozszerzenia w zakresie poprawy dywersyfikacji upraw.

Poniższy wykres przedstawia ocenę efektywności wpływu usługi upowszechniania wiedzy rolniczej na dywersyfikację upraw w oparciu o percepcję rolników.

Wykres 4.13 Efektywność usługi rozbudowy w zakresie poprawy dywersyfikacji upraw.

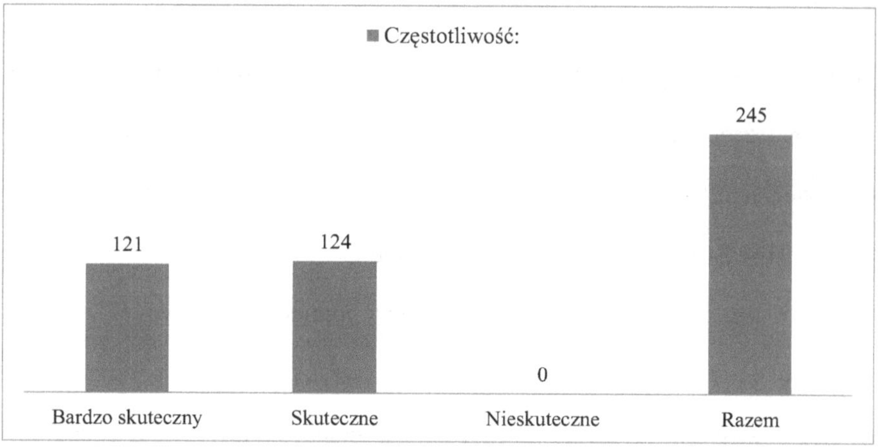

Wykres 4.13 wskazuje, że rola usługi upowszechniania wiedzy rolniczej w poprawie zróżnicowania upraw była postrzegana przez wszystkich respondentów, ponieważ żaden z nich nie sugerował, że nie miała ona żadnego wpływu. 121 (49,39%) respondentów oceniło wpływ jako bardzo skuteczny, a 124 (50,61%) jako skuteczny.

4.14 Propozycje dotyczące poprawy świadczenia usług w zakresie rozszerzenia.

Respondenci sugerowali, że istnieje potrzeba zatrudnienia i rozmieszczenia większej liczby pracowników świadczących usługi z zakresu rozszerzenia działalności rolniczej w celu poprawy wydajności i skuteczności świadczenia usług. Zostałoby to osiągnięte poprzez zmniejszenie powierzchni zlewni, a tym samym zwiększenie dostępności dla indywidualnych rolników.

4.15 Testy statystyczne Hipotez.

Poniżej znajdują się prezentacje testów statystycznych przeprowadzonych na tych hipotezach. Przetestowano zależności między zmiennymi (predykatorami i odpowiedziami), a wyniki przedstawione są poniżej.

4.15.1 Test Stowarzyszenia Chi Square .

H01: Nie ma żadnego znaczącego związku pomiędzy niepewnym rynkiem upraw roślin jadalnych niestopowych a dywersyfikacją upraw. Poniższa tabela pokazuje związek pomiędzy niepewnym rynkiem upraw roślin jadalnych niestaplowanych a sukcesem dywersyfikacji upraw.

Tabela 4.15.1 Test Stowarzyszenia Chi Square; H01: Nie ma znaczącego związku pomiędzy niepewną sytuacją na rynku upraw żywności nie na staple a dywersyfikacją upraw.

(Rynek Niepewny) Reakcja	(Dywersyfikacja upraw) Tak	Nie	Razem
Wysoki	204	0	204
Niski poziom	0	41	41
Razem	204	41	245

Pearson chi 2 (1) = 245.0000 Pr = 0.000

Statystyki wykazały, że obliczony wynik Pearson Chi-Square wynosił p = 0,000, mierzony przy założeniu α = 0,05 (przy 95% poziomie istotności). Obliczone prawdopodobieństwo jest mniejsze niż α = 0,05 i pod tym względem osiągnięto odpowiedni cel szczegółowy i odrzucamy hipotezę zerową i przyjmujemy hipotezę alternatywną. W związku z tym istnieje znaczący związek pomiędzy niepewnym rynkiem upraw żywności niestopowej a sukcesem dywersyfikacji upraw.

4.15.2 Test Stowarzyszenia Chi Square.

H02: Nie ma znaczącego związku pomiędzy subsydiowanymi przez rząd środkami do produkcji żywności niestopniowej a dywersyfikacją upraw. Poniższa tabela pokazuje związek pomiędzy dotacjami rządowymi na uprawy roślin jadalnych niestaplowanych a sukcesem dywersyfikacji upraw.

Tabela 4.15.2 Chi Square Test of Association; H02: Nie ma znaczącego związku pomiędzy subsydiowanymi przez rząd środkami do produkcji

żywności nie na staple a dywersyfikacją upraw.

(Govt. Subsidised Input) **Reakcja**	(Dywersyfikacja upraw) Tak	Nie	**Razem**
Bardzo wysoka	81	123	204
Wysoki	41	0	41
Razem	122	123	245

Pearson chi 2 (1) = 49,6438 Pr = 0.000

Statystyki wykazały, że obliczony wynik Pearson Chi-Square wynosił p = 0,000, mierzony przy założeniu α = 0,05 (przy 95% poziomie istotności). Obliczone prawdopodobieństwo jest mniejsze niż α = 0,05 i pod tym względem osiągnięto odpowiedni cel szczegółowy i odrzucamy hipotezę zerową i akceptujemy hipotezę alternatywną. W związku z tym istnieje istotna zaleĪnoĞü pomiĊdzy dotowanymi przez rząd nakáadami na uprawy ĪywnoĞci niestopniowej a powodzeniem dywersyfikacji upraw.

4.15.3 Test Stowarzyszenia Chi Square.

H03: Nie ma istotnej korelacji pomiędzy świadczeniem usług w zakresie upowszechniania wiedzy rolniczej a dywersyfikacją upraw. Poniższa tabela pokazuje korelację pomiędzy świadczeniem usług w zakresie upowszechniania wiedzy rolniczej w odniesieniu do upraw roślin jadalnych niestałkowych a powodzeniem zróżnicowania upraw.

Tabela 4.15.3 Chi Square Test of Association; H03: Nie ma istotnej korelacji pomiędzy świadczeniem usług rozbudowy a dywersyfikacją upraw.

(Świadczenie usług rozszerzonych) **Reakcja**	(Dywersyfikacja upraw) Tak	Nie	**Razem**
Bardzo wysoka	121	0	121
Wysoki	83	41	124
Razem	204	41	245

Pearson chi 2 (1) = 49,6438 Pr = 0.000

Statystyki wykazały, że obliczony wynik Pearson Chi-Square wynosił p = 0,000, mierzony przy założeniu α = 0,05 (przy 95% poziomie istotności). Obliczone prawdopodobieństwo jest mniejsze niż α = 0,05 i pod tym względem osiągnięto odpowiedni cel szczegółowy i odrzucamy hipotezę zerową i przyjmujemy hipotezę alternatywną. W związku z tym istnieje istotna korelacja pomiędzy świadczeniem usługi rozbudowy w odniesieniu do upraw żywności nieszpułkowanej a sukcesem dywersyfikacji upraw.

ROZDZIAŁ PIĄTY

5.0 DYSKUSJA

Wyniki badania pokazują, że rząd nie zapewnia rynku zarówno dla konsumpcji produktów, jak i nakładów na uprawy roślin jadalnych innych niż staple. Dalsze oznaki wskazują na to, że wprowadzenie programu wsparcia dla rolników, którego podaż środków produkcji jest zwijana wokół kukurydzy, doprowadziło do drastycznego zmniejszenia dywersyfikacji upraw, a świadczenie usług w zakresie upowszechniania wiedzy rolniczej jest równie niewystarczające. Wyniki tego badania wykazały, że zapewnienie przez rząd rynku konsumenckiego i podaży środków produkcji dla upraw żywności nieszpułkujących ma znaczący wpływ na udział drobnych rolników w dywersyfikacji upraw. Innym czynnikiem, który uznano za zagrażający udziałowi drobnych producentów rolnych w dywersyfikacji upraw, jest nieodpowiedniość świadczenia usług upowszechniania wiedzy rolniczej.

Wyniki testów statystycznych przeprowadzonych na hipotezach sprzyjały pojawieniu się powyższych faktów. W odniesieniu do celu szczegółowego numer jeden, polegającego na zbadaniu wpływu niepewnego rynku upraw roślin jadalnych niestopowych na zróżnicowanie upraw, wyniki badań wykazały, że niepewny rynek utrudniał praktykę zróżnicowania upraw. H01: Nie ma znaczącego związku pomiędzy niepewnym rynkiem upraw do produkcji żywności nieszpielonej a dywersyfikacją upraw, wszystkie 245 odpowiedzi uzyskało poparcie, przy czym 204 i 41 odpowiedzi oceniło wpływ stabilnego i gwarantowanego rynku konsumenckiego dla upraw do produkcji żywności nieszpielonej jako odpowiednio wysoki i niski (tabela 4.15.1). Ustalenia z tych odpowiedzi wskazują, że rząd nie zapewnił rynku dla upraw roślin jadalnych niebędących gliniastymi roślinami spożywczymi. Wynik Pearson's Chi Square Test of Association wyniósł p = 0.000 (tabela 4.15.1). Drugi cel szczegółowy, którym było ustalenie, czy subsydiowane przez rząd środki produkcji mają wpływ na dywersyfikację upraw, został zbadany i ustalenia sugerowały obecność znacznego wpływu. H02: Nie ma znaczącej zależności pomiędzy subsydiowanymi przez rząd środkami do produkcji żywności niestopowej a dywersyfikacją upraw, uzyskano 245 odpowiedzi z 245 ważnych odpowiedzi, z czego 204 dały "bardzo wysoką ocenę wpływu", a pozostałe 41 oceniło wpływ jako tylko wysoki (tabela 4.15.2). Wyniki te wskazywały, że rząd nie dostarczył środków do produkcji roślin jadalnych innych niż sztapla i nadal nie subsydiował tych środków pomimo odnotowanej dostępności rynków zbytu. Wynik Pearson's Chi Square Test of Association wyniósł p = 0.000 (tabela 4.15.2). Zgodnie z badaniami dotyczącymi celu szczegółowego numer trzy, w celu określenia wpływu świadczenia usług upowszechniania wiedzy rolniczej na dywersyfikację upraw, ujawniono, że usługi upowszechniania wiedzy rolniczej wpływają na dywersyfikację upraw. H03: Nie ma znaczącej korelacji między świadczeniem usług w zakresie upowszechniania wiedzy rolniczej a dywersyfikacją upraw, uzyskał 121 "bardzo wysokich" ocen i 124 "wysokie", co daje łącznie 245 ważnych odpowiedzi (tabela 4.15.3). Ustalenia wskazują, że obóz posiadał oficera ds. rozszerzenia działalności rolniczej przez cały bieżący sezon i ostatnie pięć sezonów rolniczych. Kwestią sporną była jakość i częstotliwość świadczonych usług w zakresie upowszechniania wiedzy rolniczej. Wynik Pearson's Chi Square Test of Association wynosił p = 0.000 (tabela 4.15.3). Chociaż wszyscy respondenci (245) potwierdzili obecność urzędnika ds. rozszerzenia działalności rolniczej w sezonie rolniczym 2016/2017 i później, ich dostęp do informacji za pośrednictwem biura ds. rozszerzenia działalności został potwierdzony jako słaby. Wszystkie 245 odpowiedzi wskazywało, że dostęp do usług biura ds. rozszerzenia działalności rolniczej możliwy był jedynie w trakcie sezonu rolniczego. W 82 odpowiedziach sugerowano spójność świadczenia usług w zakresie upowszechniania wiedzy rolniczej w okresie prowadzenia działalności rolniczej, podczas gdy w 163 innych odpowiedziach wskazywano, że dostęp do informacji na temat rolnictwa uzyskiwany był za pośrednictwem biura ds. upowszechniania wiedzy rolniczej jedynie w okresie prowadzenia działalności rolniczej i w rzadkich przypadkach.

Według Matandiko (2010), sektor rolniczy w Zambii w ostatnich latach nadal odnotowywał znaczny wzrost, o czym świadczą kolejne zbiory zderzakowe. Wzrost ten wynika w dużej mierze z różnych polityk rządowych, takich jak Program Wsparcia Wkładu Rolniczego (FISP), który zapewnia drobnym rolnikom w całym kraju dostęp do nawozów i nasion dla ich działalności rolniczej. Uznaje on również fakt, że wzrost sektora jest związany z uprawą kukurydzy, co powinno budzić niepokój, ponieważ istnieją inne uprawy gotówkowe lub wysokowartościowe, takie jak maniok, sorgo i proso, które należy promować w celu zapewnienia zrównoważonego bezpieczeństwa żywnościowego kraju. To prawda i oczywiste, że obecny system upraw nie jest zróżnicowany. Wiele upraw wysokowartościowych zostało zaniedbanych. Takie uprawy, które mogą nie być uprawami spożywczymi, mają potencjał, aby zapewnić rolnikom znaczne marginalne dochody. Jednak presja ekonomiczna, wynikająca z subsydiowanych środków produkcji kukurydzy, jak również z rynku konsumpcji produktów z kukurydzy, zwróciła uwagę większości rolników i tym samym zmniejszyła zróżnicowanie upraw.

Matandiko (2010), dalej podkreśla, że rolnictwo stało się źródłem dochodów, stąd potrzeba dywersyfikacji w celu zapewnienia łatwego dostępu do upraw, które są niezbędne zarówno na rynku lokalnym, jak i międzynarodowym. Badacz uznał, że rozsądne jest współdziałanie z Matandiko w odniesieniu do jego obserwacji dotyczących charakteru rozwoju zambijskiego sektora rolnego oraz stanu rynku i infrastruktury marketingowej dla upraw roślin jadalnych nie pochodzących z tłocznie. Prawdą jest, że dywersyfikacja upraw nie była wspierana w zakresie tworzenia i zaopatrzenia rynku konsumenckiego, jak również podaży środków do produkcji żywności nieszpułkowanej. Zgodnie z wygenerowanymi danymi statystycznymi, aby zwiększyć dywersyfikację upraw, konieczne są ogromne inwestycje w dotowane środki produkcji i tworzenie rynku dla upraw do produkcji żywności niestapleowanej.

Aby osiągnąć znaczący i zrównoważony rozwój rolnictwa i bezpieczeństwo żywnościowe, wsparcie powinno zostać rozszerzone na uprawy wykraczające poza kukurydzę (uprawy nieszpułkowe), pod względem zaopatrzenia rynku konsumenckiego i środków produkcji. Wsparcie i poprawa produkcji różnych upraw, w szczególności upraw do celów niespożywczych o wysokiej wartości, przyczyniłyby się do dekonwersji rynku kukurydzy, powodując tym samym wzrost cen rynkowych kukurydzy i jej produktów, co w konsekwencji obniżyłoby koszty produkcji podstawowych roślin spożywczych. Rynek większości upraw roślin do produkcji żywności nieszlachetnej jest łatwo dostępny, a ich ceny są średnio dobre. Wyzwaniem pozostaje ich dostępność w ramach opłacalnych środków. Wykorzystanie tych rynków może podnieść standardy społeczno-gospodarcze rolników prowadzących działalność na małą skalę, jeśli zostaną one wykorzystane.

Maarten i Alarcon, (1992), poinformowały, że pomimo wyższych zysków ekonomicznych z gospodarstw domowych (ziemia i siła robocza) z upraw gotówkowych niż z podstawowych podstawowych upraw żywności, szereg zagrożeń dla drobnych producentów rolnych wiąże się ze zwiększoną dywersyfikacją i komercjalizacją. Należą do nich: utrata dochodów z powodu nieudanych zbiorów, zmienność cen rynkowych w czasie, słabe i nieefektywne instytucje marketingowe, większe zapotrzebowanie na środki produkcji, a tym samym większe zapotrzebowanie na usługi kredytowe i usługi w zakresie upowszechniania wiedzy, których zazwyczaj brakuje drobnym rolnikom.

Zambijscy rolnicy indywidualni nie są tu wyjątkiem. Obaj pisarze słusznie zwracają uwagę na fakt, że utrata dochodów z powodu nieurodzaju, zmienności cen rynkowych, słabych i nieefektywnych instytucji marketingowych, wyższych nakładów i zwiększonego zapotrzebowania na usługi kredytowe i usługi w zakresie upowszechniania wiedzy rolniczej stanowią duże ryzyko dla rolników prowadzących działalność na małą skalę i są dla nich niewystarczające. Czynnikami tymi należy się zająć, aby stworzyć stabilne środowisko dla produkcji rolnej i rentowności poprzez zróżnicowanie upraw.

W historii rozwoju rolnictwa widzimy, jak Indie energicznie wychodzą z ubóstwa i utrzymujących się niedoborów żywności do samowystarczalności i "ekonomicznej potęgi". Wyniki Indii w okresie po uzyskaniu niepodległości były powodem do dumy i satysfakcji. Sektor rolny pozostawił po sobie epokę niedoborów żywności i zależności od importu i znalazł się na etapie samowystarczalności i sporadycznych nadwyżek. Indie nie tylko stały się samowystarczalne w zakresie zboża żywnościowego, ale również uzyskały wystarczającą odporność na niekorzystne warunki. Osiągnięcia te są wynikiem pomyślnie wdrożonych ram politycznych dotyczących poprawy infrastruktury wiejskiej, w tym nawadniania, badań, rozbudowy, zapewnienia środków produkcji rolnej po rozsądnych cenach oraz wsparcia marketingowego poprzez mechanizm cen minimalnych (Hazra, 2002).

Badacz zgadza się z Hazrą, że opracowanie i wdrożenie dobrej polityki, która może w wystarczającym stopniu rozwiązać kwestie podaży czynników produkcji, ram rynkowych i marketingowych, własności gruntów i odpowiedniego świadczenia usług w zakresie upowszechniania wiedzy rolniczej, może stać się motorem i szybko zmienić "oblicze" rolnictwa w Zambii oraz zwiększyć wzrost gospodarczy, stabilność i odporność. Gdyby udało się to osiągnąć Indiom, byłoby to możliwe do zrealizowania przez każdy inny kraj, pod warunkiem że niezbędne polityki zostaną odpowiednio określone i wspierane.

ROZDZIAŁ SIX

6.0 WNIOSKI, KONSEKWENCJE I ZALECENIA

6.1 Wniosek

Badanie wykazało, że obszar ten (Nega-nega Agricultural Camp) jest zdominowany przez drobnych rolników o niskim statusie gospodarczym. Zostało to potwierdzone przez niskie średnie roczne dochody rolników na tym obszarze. Wskaźnik udziału drobnych rolników w dywersyfikacji upraw jest bardzo niski i wpływa na niego brak zainicjowanych i wspieranych przez rząd mechanizmów rynku konsumpcyjnego i zaopatrzenia w środki produkcji w odniesieniu do upraw roślin jadalnych innych niż roślinne. Ujawniono również, że świadczenie usług w zakresie upowszechniania wiedzy rolniczej nie jest odpowiednie. Słabej jakości usługi upowszechniania wiedzy rolniczej, świadczone wyłącznie w trakcie sezonu rolniczego, nie sprzyjają ani nie wspierają konkurencyjnego zaangażowania drobnych rolników w różnicowanie upraw. Zarówno Program wspierania czynników produkcji rolnej, jak i Agencja Rezerw Żywnościowych nie zajmują się uprawami roślin jadalnych niepochodzących z tłoczni i są pod wpływem polityki, co widać na przykładzie późniejszego ich zwiększenia, które miało miejsce głównie w latach bezpośrednio poprzedzających wybory trójstronne. The Farmer Input Support Program pozytywnie wpływa na produkcję kukurydzy (jak zaobserwowano w kolejnych zbiorach zderzakowych), co z kolei wpływa na rynek kukurydzy, obniżając tym samym ceny towaru i dochody rolników (wysokie ryzyko w przypadku nieurodzaju i wahań cen rynkowych). Ceny rynkowe nie są regulowane przez siły rynkowe (widoczna ręka jest w dużym stopniu w grze). Tak jest w przypadku spadku cen kukurydzy w 2017 r. z K85 w 2016 r. do K60 za worek 50 kg.

6.2 Skutki

Utworzenie zarówno Programu Wspierania Wprowadzania Produktów Rolno-Spożywczych, jak i Agencji Rezerw Żywnościowych pozytywnie wpłynęło na produkcję kukurydzy (co można było zaobserwować na podstawie kolejnych zbiorów zderzakowych), co spowodowało spadek cen tego towaru i dochodów rolników, co wiąże się z wysokim ryzykiem w przypadku niepowodzeń w uprawach i wahań cen rynkowych. Ceny rynkowe nie są regulowane przez siły rynkowe (popyt i podaż), widoczna jest wyraźna rola w określaniu i regulacji cen rynkowych. Siła polityczna wpływa na ceny rynkowe, jak to miało miejsce w sezonach upraw 2005/2006 i 2010/2011, w których liczba beneficjentów została zwiększona, a ceny kukurydzy wzrosły. Interesujące jest to, że znaczne zwiększenie liczby beneficjentów, wzrost liczby worków z nawozem w opakowaniu oraz korekta w górę cen kukurydzy - wszystko to zostało ogłoszone przez graczy politycznych w aktywnych okresach kampanii przed wyborami. Gwałtowny spadek cen odnotowano wkrótce po wyborach. Tak jest w przypadku spadku cen kukurydzy w 2017 roku z K85 w 2016 roku (który był rokiem wyborów) do K60 za worek 50 kg w 2017 roku.

6.2 Zalecenia

Po pomyślnym przeprowadzeniu badania i zrozumieniu interpretacji jego wyników, badacz rekomenduje, aby to zrobić;

1. Rolnicy indywidualni wykazują duże zainteresowanie i inicjatywę w zakresie dywersyfikacji upraw.
2. Rząd inicjuje projektowanie i tworzenie konsumenckich mechanizmów rynkowych i mechanizmów zaopatrzenia w środki produkcji w odniesieniu do upraw roślin jadalnych innych niż rośliny sterczące, w celu zachęcenia drobnych rolników do zaangażowania się w dywersyfikację upraw.
3. Rząd, we współpracy z innymi zainteresowanymi stronami, ponownie definiuje ramy świadczenia usług w zakresie upowszechniania wiedzy rolniczej w taki sposób, aby poprawić podejście urzędników ds. upowszechniania wiedzy rolniczej do pracy, co może ułatwić dostarczanie rolnikom dobrej jakości i aktualnych informacji technicznych dotyczących rolnictwa.
4. Rząd wprowadza i ulepsza rolnicze programy medialne oraz ułatwia rolnikom dostęp do informacji.
5. Rząd zreformował i zrestrukturyzował Program Wsparcia Wkładu Rolniczego (FISP) oraz Agencję Rezerw Żywnościowych (FRA) w pełnowymiarowe jednostki rządowe, które będą dostarczać subsydiowane

nakłady na uprawy o wysokiej wartości i zapewniać rynek dla wszystkich produktów roślinnych spoza podstawowych upraw żywnościowych.

6. Inni naukowcy prowadzą podobne lub powiązane badania w różnych dziedzinach w celu pełnego uzasadnienia autentyczności i wiarygodności wyników tego badania, a także w celu dostarczenia dowodów na to, czy zróżnicowanie upraw ma zasadnicze znaczenie dla bezpieczeństwa żywnościowego i poprawy ekonomicznej, stabilności i odporności.

Referencje

1. Zakłady, E M 1999, książka rolnicza Thomasa Jeffersona, TJMF, Charlottesville, VA.
2. Blade, S F & Slinkard, A E 2002 New crop development, the Canadian experience, ASHS, Alexandria, VA.
3. Chikwanda, A 2011, prezentacja budżetu krajowego Zambii na 2012 r., Lusaka.
4. Dr Myers, R 1999, inicjatywa Thomasa Jeffersona na rzecz dywersyfikacji upraw, CAST nr 6.
5. FFSSA (Forum Bezpieczeństwa Żywnościowego w Afryce Południowej) b.d. Zambia Food Security issues paper.
6. FFSSA Country Issues Paper. Online. http://odi.org.uk/work/projects/03-food-securityforum/docs/zambiacipfi nal.pdf (dostęp: 10 stycznia 2016 r.).
7. Fletcher, R J 2002, International new crop development, an Australian perspective.
8. Friedrich, T i Kassam, A H 2009, Adoption of conservation agriculture technologies, constraints and opportunities, invited paper at the IV World congress on conservation agriculture, 4-7 February 2009, New Delhi, India.
9. Friedrich, T, Kassam, A H & Shaxson, F 2009, Conservation agriculture in India, agriculture for developing countries, science and technology

options assessment (STOA) project, Parlament Europejski, European technology assessment group, Karlsruhe, Niemcy.

10. Friedrich, T, Kassam, A H & Taher, F 2009, Adoption of conservation agriculture and the role of policy and institutional support, invited keynote paper presented at the International consultation on 'No-Till with Soil Cover and Crop Rotation,' a basis for policy support to conservation agriculture for sustainable production intensification, Astana-Shortandy, Kazakhstan, July, 2009.
11. Friedrich, T, Kienzle, J, Kassam, A H 2009, Conservation agriculture in developing countries, the role of mechanation, referat przedstawiony na spotkaniu klubu bolońskiego w sprawie innowacji na rzecz zrównoważonej mechanizacji, Hanower, Niemcy, 2 listopada 2009 r.
12. Gerhard, A 2015, Zasada teorii ekonomii, publikacje online.
13. Gunasena, H P M 1999, Intensyfikacja zróżnicowania upraw w regionie Azji i Pacyfiku.
14. Hazra, C R 2002, Dywersyfikacja upraw w Indiach.
15. Huggins, D R & Reganold, J P 2008, No-Till, the quiet revolution, Scientific American, lipiec 2008: 70 – 77.
16. Jayne, T S, Govereh, J, Mason, N, Chapoto, A & Haantuba H 2007, Trends in agricultural and rural development indicators in Zambia, Food Security Research Project (FSRP), Working Paper no. 24, Lusaka, http://www.aec.msu.edu/fs2/zambia/wp_24.pdf (dokument dostępny od

10 stycznia 2016 r.).

17. Johnston, W G et' al 1995, California agriculture, crop and farm diversification, research paper.

18. Kassam, A H 2009, Sustainability of farming in Europe, is there a role for conservation agriculture? Journal of farm management 10, 717-728.

19. Kassam, A H, Friedrich, T, Shaxson, F & Jules, P 2009, The spread of conservation agriculture, justification, sustainability and uptake, international journal of agricultural sustainability 7 (4): 292-320.

20. Kombo, D K & Tromp, D A 2006, Propozycja i praca dyplomowa, wprowadzenie, Nairobi, Pauline's Publications Africa.

21. Marten, D C I & Alarcon, J A 1992, Household food security and crop diversification among smallholder farmers in Guatemala.

22. Matandiko, V 2010, Dywersyfikacja upraw, klucz do zrównoważonego rozwoju sektora rolnictwa.

23. McIntyre, B D, Herren, H R, Wakhungu, J & Watson, R T (Eds) 2008, Agriculture at a crossroads, synthesis report of the international assessment of agricultural knowledge, science, and technology for development (IAASTD), Island Press, Washington DC.

24. Ministerstwo Rolnictwa i Spółdzielczości, 2004 r., Krajowa polityka rolna (KPRU).

25. Montgomery, D 2007, Dirt, the erosion of civilizations, University California Press, Berkeley i Los Angeles.

26. Ngosa, S 2009, The art of farming-crop diversification.

27. Parahoo, K 2006, Pielęgniarskie badania, zasady, proces i kwestie, Basingstoke, Palgrave Macmillan Ltd.

28. Small, E 1995, Dywersyfikacja upraw w Kanadzie.

29. Małe, E 1999, Nowe uprawy dla rolnictwa kanadyjskiego.

30. Bank Światowy 2005, Ecosystems and human well-being synthesis, millennium ecosystem assessment, Island Press, Washington DC.

31. Bank Światowy 2008, Rolnictwo dla rozwoju, raport o rozwoju światowym, Waszyngton DC.

Załącznik 1: Kwestionariusz

WPŁYW PROGRAMU WSPARCIA ŚRODKÓW PRODUKCJI ROLNEJ

NA DYWERSYFIKACJĘ UPRAW WŚRÓD DROBNYCH ROLNIKÓW

W ZAMBII:

STUDIUM PRZYPADKU OBOZU ROLNICZEGO NEGA-NEGA.

Kochany respondent,

Zostałeś wybrany losowo poprzez wykorzystanie technik prawdopodobieństwa do udziału w tym projekcie badawczym. Dlatego Twój pełny udział będzie bardzo ceniony.

Jestem szczerze przekonany, że wyniki tego badania zostaną potraktowane z zachowaniem najwyższego stopnia poufności i tylko na potrzeby tego akademickiego ćwiczenia.

Kwestionariusz dla drobnych producentów rolnych

ICU

(Med. Agric. 2017)

Proszę odpowiedzieć na poniższe pytania tak szczerze, jak to tylko możliwe. W polu "odpowiedź" wpisz swoją odpowiedź lub numer odpowiadający wybranej odpowiedzi.

A. CHARAKTERYSTYKA DEMOGRAFICZNA RESPONDENTÓW

Q. id	Pytanie	Reakcja	Do użytku służbowego
A1	Nazwa obozu rolniczego		
A2	Jaka jest twoja płeć? 1. Mężczyzna 2. Kobieta		
A3	Ile masz lat? 1. 16 do 25 2. 26 do 35 3. 36-45 4. 46 do 55 5. 56 i więcej		

B. WSKAŹNIK PRZYJĘCIA ZRÓŻNICOWANIA UPRAW

Q. id	Pytanie	Reakcja	Do użytku służbowego
B1	Które z tych nieszpułczastych upraw produkowałeś w tym sezonie rolniczym? 1. Fasola 2. Bawełna 3. Groundnuts 4. Słonecznik 5. Ziemniaki irlandzkie 6. Inne (określić)		
B2	Które z tych nieszpułkujących roślin uprawnych produkowaliście przed wprowadzeniem Programu Wspierania Wejścia Rolnika? 1. Fasola 2. Bawełna 3. Groundnuts 4. Słonecznik 5. Ziemniaki irlandzkie		

	6. Inne (określić)		
B3	Dla których z poniższych upraw otrzymaliście Państwo dane wejściowe z Programu Wsparcia Wprowadzeń Farmera? 1. Kukurydza 2. Fasola 3. Bawełna 4. Groundnuts 5. Słonecznik 6. Ziemniaki irlandzkie 7. Inne (określić)		
B4	Czy przed wprowadzeniem programu wsparcia dla rolników i od tego czasu rezygnujecie z produkcji żywności nie pochodzącej ze stapli? 1. Tak 2. Nie		
B5	Jeśli twoja odpowiedź na B4 powyżej brzmi TAK, jakie są niektóre z powodów porzucania takich upraw? 1. Brak dostępu do środków produkcji dla upraw 2. Brak rynku na produkty roślinne 3. Wysoki koszt środków produkcji roślinnej 4. Niedobór świadczenia usług w zakresie rozszerzania sieci 5. Inne, określić..		
B6	Gdyby Program Wspierania Wejścia Rolniczego dostarczał dane wejściowe dla wszystkich innych upraw żywności nie pochodzących ze stapli, czy produkowałbyś je? 1. Tak 2. Nie		
B7	Jakie są korzyści z produkcji roślin do produkcji żywności niestopowej (inne uprawy poza kukurydzą)? 1. Poduszka chroniąca przed ryzykiem w przypadku wystąpienia niekorzystnych warunków 2. Źródło dochodów z tytułu nakładów 3. Inne, określić..		
B8	Jaki jest twój średni roczny dochód ze sprzedaży plonów? 1. K 0 2. K 1000 do K 5000 3. K 6000 do K 10000 4. K 11000 do K 15000 5. K 16000 do K 20000		

	6. K 21000 do K 24000 7. K 25000 i więcej		

B9	Ile twojego rocznego dochodu pochodzi ze sprzedaży upraw roślin jadalnych innych niż staple? 1. K 0 2. K 1 do K 500 3. K 500 do K 1000 4. K 1000 do K 5000 5. K 5000 do K 10000 6. K 10000 i więcej		
B10	Jak oceniłbyś wpływ wsparcia wejściowego Farmera Program przeszkadza w dywersyfikacji upraw? 1. Bardzo wysoki 2. Wysoki 3. Niski poziom 4. Nie ma żadnego wpływu		

C. DOSTĘP DO RYNKU

C1	Czy są jakieś miejsca w Twojej społeczności, gdzie sprzedawane są nasiona do innych upraw, innych niż kukurydza? 1. Tak 2. Nie		
C2	Jeśli są miejsca, gdzie sprzedawane są nasiona i inne środki do produkcji żywności innej niż stapla, czy ceny są subsydiowane przez rząd? 1. Tak 2. Nie		
C3	Czy są jakieś osoby lub organizacje, które przyjeżdżają do waszej okolicy, aby zakupić produkty roślinne inne niż kukurydza? 1. Tak 2. Nie		
C4	Czy istnieje gwarantowany rynek zbytu na produkty żywnościowe niepochodzące ze stapli, tak jak ma to miejsce w przypadku kukurydzy w Państwa okolicy?		

	1. Tak 2. Nie		
C5	Jeżeli odpowiedź na C4 powyżej brzmi "NIE", to czy rozpoczęliby Państwo produkcję roślin jadalnych niestosujących stapli, jeżeli zostałby ustanowiony gwarantowany rynek dla tych produktów? 1. Tak 2. Nie		
C6	Co Pana zdaniem należy zrobić, aby poprawić dostęp drobnych rolników do środków produkcji dla upraw roślin jadalnych niebędących roślinami staplowymi?		
C7	Jakie zmiany powinny zostać wprowadzone do Programu Wsparcia Wprowadzeń Rolniczych?		
C8	Co według pana należy zmienić w sposobie działania Agencji Rezerw Żywnościowych?		

B. DOSTĘP DO USŁUG W ZAKRESIE UPOWSZECHNIANIA WIEDZY SPECJALISTYCZNEJ

Q. id	Pytanie	Real	Do użytku służbowego
D1	Czy wiesz, czym jest dywersyfikacja upraw? 1. Tak 2. Nie		
D2	Jak można uzyskać informacje na temat rolnictwa? 1. Telewizja 2. Radio 3. Gazeta 4. Rozszerzenie działalności rolniczej 5. Inne (określić)		
	Czy w twoim obozie jest urzędnik ds. rozszerzenia działalności		

D3	rolniczej? 1. Tak 2. Nie		
D4	Czy w ciągu ostatnich pięciu lat miał pan w swoim obozie oficera ds. rozszerzenia działalności rolniczej? 1. Tak 2. Nie		
D5	Jak często otrzymują Państwo doradztwo techniczne w zakresie produkcji roślinnej od specjalisty ds. rozszerzenia działalności rolniczej? 1. Co tydzień 2. Co miesiąc 3. Tylko w sezonie rolniczym, ale rzadko 4. Tylko w czasie sezonu rolniczego, ale konsekwentnie 5. Nigdy		
D6	Czy urzędnik ds. rozszerzenia działalności rolniczej promuje produkcję roślin innych niż kukurydza? 1. Tak 2. Nie		
D7	Czy kiedykolwiek zwracali się Państwo do urzędnika ds. rozszerzenia działalności rolniczej o monitorowanie upraw i udzielanie porad, gdy napotykali Państwo na wyzwania? 1. Tak 2. Nie		
D8	Jak oceniłbyś reakcję urzędnika ds. rozszerzenia działalności rolniczej na wezwania rolników, którzy potrzebują pomocy? 1. Bardzo dobry 2. Dobry 3. Biedny		
D9	Jak oceniliby Państwo zdolność dobrego świadczenia usług w zakresie upowszechniania wiedzy rolniczej w celu poprawy dywersyfikacji upraw? 1. Bardzo skuteczny 2. Skuteczne 3. Nieskuteczne		
D10	Co według Państwa należy zrobić, aby poprawić jakość świadczenia usług z zakresu upowszechniania wiedzy rolniczej w Państwa obozie?		

Dziękuję za udział w tym badaniuy